Los elixires de la ciencia

Hans Magnus Enzensberger

Los elixires de la ciencia

Miradas de soslayo en poesía y prosa

EDITORIAL ANAGRAMA
BARCELONA

Título de la edición original:
Die Elixiere der Wissenschaft

Traducción de:
Michael Faber-Kaiser
Heberto Padilla
José Luis Reina Palazón
Ángel Repáraz
Kim Vilar

Diseño de la colección:
Julio Vivas
Ilustración de Hermann Michels y Regina Göllner

ISBN: 84-339-6986-2
Depósito Legal: B. 46400-2002

Printed in Spain

Liberduplex, S. L., Constitució, 19, 08014 Barcelona

There is no science without fancy and no art without facts.

VLADIMIR NABOKOV

I

HOMENAJE A GÖDEL

Teorema de Münchhausen, caballo, tollo y trenza,
es fascinante, pero no olvides:
Münchhausen era un mentiroso.

El teorema de Gödel parece a primera vista
algo sencillo, pero piensa:
Gödel tiene razón.

«En cada sistema suficientemente rico
se pueden formular axiomas
que dentro del sistema
ni son demostrables ni refutables,
a no ser que el sistema
fuera él mismo inconsistente.»

Tú puedes describir tu propio lenguaje
en tu propio lenguaje:
pero no del todo.
Tú puedes investigar tu propio cerebro
con tu propio cerebro:
pero no del todo.
Etc.

Para justificarse
cada sistema imaginable
tiene que trascenderse,
es decir, destruirse.

«Bastante rico» o no:
libertad de contradicción
es una manifestación carencial
o una contradicción.

(Certeza = Inconsistencia.)

Cada jinete imaginable,
o sea también Münchhausen,
o sea también tú eres un subsistema
de un tollo suficientemente rico.

Y un subsistema de este subsistema
es la propia trenza,
este aparato elevador
para reformistas y mentirosos.

En cada sistema suficientemente rico
o sea también en este tollo mismo,
se pueden formular axiomas
que dentro del sistema
no son ni demostrables ni refutables.

¡Toma estos axiomas en la mano
y tira!

Traducción de José Luis Reina Palazón

PUENTE LEVADIZO FUERA DE SERVICIO O LAS MATEMÁTICAS EN EL MÁS ALLÁ DE LA CULTURA

Una opinión desde fuera

Los tonos son siempre los mismos: «¡Pare usted! Con las matemáticas puede derrotarme.» – «Un tormento, ya en la escuela. No tengo ni idea de cómo aprobé el bachillerato.» – «¡Una pesadilla! Completamente carente de dotes para ello como yo soy...» – «Yo llego justo al IVA con la calculadora. Todo lo demás es demasiado elevado para mí.» – «Las fórmulas matemáticas, eso para mí es veneno, yo ahí desconecto sin más.»

Afirmaciones de este tipo se oyen todos los días. Personas perfectamente inteligentes e instruidas las hacen de forma rutinaria y con una singular mezcla de despecho y orgullo. Esperan oídos comprensivos, y eso no falta. Se ha establecido un consenso general que determina de modo implícito, pero masivo, las actitudes hacia la matemática. Que su exclusión de la esfera de la cultura equivale a una especie de castración intelectual, no parece molestar a nadie. A quien encuentra lamentable este estado de cosas, a quien murmura algo del encanto y de la importancia, del alcance y de la belleza de las matemáticas, se le mira con el asombro reservado a los expertos; si se da a conocer como aficionado, en el mejor de los casos será visto como un ser extraño que se ocupa con un hobby peregrino, como si criara tortugas o coleccionara pisapapeles de la época victoriana.

Mucho más raro es dar con personas que sostengan con énfasis similar que a ellas ya la idea de leer una novela, contemplar un cuadro o ir al cine les depara sufrimientos invencibles, o que desde que terminaron el bachillerato han evitado escrupulosamente todo contacto con las artes de cualquier tipo, o que prefieren que no se les recuerden experiencias anteriores con la literatura o la pintura. Y lo que no se oye prácticamente nunca son anatemas contra la música. Cierto que hay personas que, posiblemente no sin razón, afirman no ser musicales. El uno canta más bien demasiado alto y mal, el otro no toca ningún instrumento, y son poquísimos los espectadores que se apresuran a ir al concierto con la partitura bajo el brazo. Pero ¿quién podría afirmar en serio que no conoce ninguna canción? Es igual que se trate de las Spice Girls o del himno nacional, de tecno o de los corales gregorianos, nadie es del todo inmune frente a la música. Y esto por buenas razones. La facultad de hacer y de oír música tiene anclajes genéticos, forma parte de los universales antropológicos; lo que, como es natural, no significa que todos estemos dotados musicalmente del mismo modo. Al igual que los demás dones y propiedades, también este aspecto de nuestra dotación sigue la distribución normal de Gauss. Individuos altamente dotados constituyen casos tan extremos como infrecuentes en cualquier población de seres humanos por completo sordos para la música; el máximo estadístico se alcanza en la zona media o central.

Por descontado que las cosas son exactamente iguales en lo que se refiere a las capacidades matemáticas. También éstas están dispuestas genéticamente en el cerebro humano, y también se distribuyen para cualquier población justo de acuerdo con el modelo de la campana de Gauss. Por eso es una idea supersticiosa la de que el pensamiento matemático sea un fenómeno raro y excepcional, un capricho exótico de la naturaleza.

Nos encontramos ante un enigma. ¿Cómo es que las matemáticas siguen siendo algo así como un punto ciego en nuestra civilización, un ámbito extraterritorial en que se han atrincherado unos pocos iniciados?

Quien pretenda ponerse fácil la respuesta dirá que los mismos matemáticos tienen la culpa. La explicación tiene la ventaja de la simplicidad. Además, ratifica un cliché que desde siempre el mundo exterior se ha hecho de los representantes profesionales de la disciplina. De un matemático se piensa como de un sumo sacerdote profano que custodia celosamente su Grial especial, y que vuelve la espalda a las cosas usuales de este mundo. Estando como está dedicado exclusivamente a problemas incomprensibles, la comunicación con el mundo exterior le resulta difícil. Vive retirado, piensa que las alegrías y los dolores de la sociedad humana son perturbaciones molestas y hasta cultiva unos hábitos de huraño ascetismo rayanos en la misantropía. Por su parte, a las personas del mundo en torno les enferma la exagerada precisión lógica de su proceder. A lo que sobre todo tiende es a una forma de altanería difícilmente soportable. Inteligente como es –nadie le discute el título–, contempla con desdeñosa condescendencia las tentativas desesperadas de los demás para formular este o el otro pensamiento. Por eso nunca se le ocurriría hacer propaganda para sus cosas.

Hasta aquí la caricatura, que, sin embargo, se toma en serio con suficiente frecuencia. Por supuesto que esto es absurdo. Dejando aparte su actividad, los matemáticos se distinguen probablemente poco de las demás personas, y conozco hombres y mujeres del oficio que disfrutan de la vida y que tienen hábitos mundanos, son chistosos y a veces incluso imprudentes. No obstante, y como de costumbre, el cliché contiene un núcleo de verdad. Cada oficio tiene sus propios riesgos, sus patologías específicas, su *déformation professionelle.* Los mineros padecen de silicosis, los escritores de perturbaciones narcisistas, los directores de cine y de teatro de manía de grandeza. Todas estas deficiencias pueden imputarse a las condiciones de producción bajo las que trabajan los pacientes.

En lo que respecta a los matemáticos, su actividad exige sobre todo una concentración extrema y de larga duración. Son muy espesos y muy duros los tableros que tienen que taladrar. No es de extrañar que en esas condiciones toda irritación procedente de fuera se sienta como una falta de consideración. Por otro lado, el hecho es que hace mucho que acabó la época de los matemáticos universales de la estirpe de Euler o de Gauss. Hoy en día ya nadie domina todas las áreas de su ciencia. Pero esto también significa que en la investigación se reduce el círculo de los posibles destinatarios. Los trabajos de carácter realmente original resultan en principio inteligibles a unos pocos colegas de la especialidad; circulan por correo electrónico entre una docena de lectores de Princeton, Bonn y Tokio. La realidad es que esto tiene por consecuencia un cierto aislamiento. El intento de hacerse entender por los *outsiders* lo han abandonado hace largo tiempo esos investigadores, y bien pudiera ser que esa actitud se haya transmitido a otros trabajadores menos avanzados de la viña de las matemáticas.

Es ilustrativa una forma de hablar que ya llega a los oídos del estudiante de primero de carrera en cualquier clase que trate de teoría de funciones o de espacios vectoriales. Esta deducción o aquel método de coordinación, se dice allí, es «trivial», y con eso basta. Y ya no proceden más explicaciones; serían, por decirlo así, indignas del matemático. Es cierto que resulta pesado y aburrido tener que recorrer de nuevo en cada ocasión cada uno de los pasos de una cadena de inferencias. Por este motivo los matemáticos han adquirido el hábito de saltarse los pasos intermedios que vuelven una y otra vez, esto es, de presuponer sin más una validez que ya ha sido probada en miles de ocasiones. Sin duda, esto resulta económico. Pero también influye en el comportamiento comunicativo en una dirección muy determinada. Entre especialistas sólo puede ser considerado interlocutor aquél para quien lo trivial es trivial, es decir, se entiende por sí mismo. Todos aquellos que no cumplan esta condición, por tanto como mínimo el 99 % de la humanidad, son en este sentido casos perdidos con quienes sencillamente no merece la pena conversar.

A esto hay que añadir que los matemáticos no sólo disponen de una terminología, como otros científicos, sino también de una notación que se distingue de la escritura usual y que resulta imprescindible para la comunicación interna. (También aquí puede hablarse de una analogía con la música, que asimismo ha desarrollado su propio código.) Ahora bien, a la mayor parte de las personas les entra pánico en cuanto divisan una fórmula. Es difícil decir de dónde procede este reflejo de fuga, que, por otra parte, para los matemáticos es incomprensible. Pues éstos, en efecto, son de la opinión de que su notación es maravillosamente clara y muy superior a cualquier lenguaje natural. Por eso no ven la necesidad de tomarse la molestia de traducir sus ideas al español o al inglés. A sus ojos, tal tentativa equivaldría a, con la mejor voluntad, echar a perder del todo las cosas.

De este modo, ¿habría que considerar a los propios matemáticos culpables de la situación insular de su ciencia? ¿Son ellos mismos los que han vuelto la espalda a la sociedad, levantando petulantemente el puente levadizo que conduce a su disciplina? Así de sencilla sólo puede ponerse la respuesta quien subestime el problema y su gravedad. Sencillamente no es plausible cargar con la responsabilidad a una minoría de expertos en tanto que una aplastante mayoría renuncia por libre decisión a apropiarse de un capital cultural de inmensa importancia y máximo atractivo.

Como se sabe, la ignorancia es un poder celestial de fuerza invencible. Por lo que parece, la mayor parte de las personas está convencida de que se puede vivir perfectamente sin conocimientos matemáticos y de que esa ciencia es lo suficientemente carente de importancia para que pueda dejarse en manos de los científicos. Muchos alimentan incluso la sospecha de que se trata de un oficio poco lucrativo cuya utilidad no es en forma alguna evidente. En ese error probablemente se sienten reafirmados por las opiniones de algunos matemáticos que defienden con grandes palabras la pureza de su quehacer. Así, el eminente teórico de los números Godfrey Harold Hardy hizo la siguiente y célebre confesión: «Nunca he hecho algo que fuera "útil". Para el bienestar del mundo ninguna de mis invenciones –para lo bueno o para lo malo– ha tenido jamás la más mínima importancia, y probablemente nada de esto va a cambiar. He contribuido a formar a otros matemáticos, pero matemáticos del mismo tipo al que yo pertenezco, y su trabajo, cuando menos en la medida en que lo apoyé, fue tan inútil como el mío. Según todas las normas prácticas el valor de una vida matemática es igual a cero, y fuera de las matemáticas es, de cualquier modo, trivial.» Aquí aparece de nuevo el ominoso término *trivial*, con el que se estigmatiza todo lo que el autor desprecia. «Sólo tengo una posibilidad», continúa Hardy, «de sustraerme al veredicto de la completa trivialidad, y consiste en que se me conceda que he creado algo que merecía la pena ser creado. *Que* yo he creado algo no puede negarse; la cuestión es tan sólo si eso tiene algún valor» *(A Mathematician's Apology*, Cambridge, 1967).

¡Maravillosamente expresado! Una modestia que apenas puede distinguirse del orgullo aristocrático. Nada más lejano para un matemático como Hardy que solicitar el reconocimiento de sus semejantes y remitirse a la utilidad práctica de su trabajo. En ello tiene razón, y al mismo tiempo no la tiene. Su actitud se aproxima a la del artista. Desde un punto de vista de estricta economía empresarial, no sólo Ovidio y Bach lo habrían tenido difícil, sino también Pitágoras y Cantor. Su trabajo apenas habría podido producir ese 15% de interés inmediato que hoy es considerado normativo bajo el pabellón del *shareholder value*. Claro que desde este punto de vista la abrumadora mayoría de las actividades humanas resultarían inútiles. (Dicho sea de paso: la investigación matemática se cuenta entre las más baratas de la producción cultural. En tanto que, según estimaciones, el valor del nuevo acelerador de partículas del CERN de Ginebra es de unos cuatro o cinco miles de millones, el Instituto Max Planck de Matemática Teórica de Bonn, un centro investigador de fama mundial, absorbe un 0,3 % del presupuesto de la Sociedad Max Planck. Grandes matemáticos como Galois o Abel fueron durante toda su vida pobres como las ratas. Sería difícil encontrar genios más baratos.)

La autonomía que Hardy reclama para su investigación básica halla su correlato en las artes, y no es en absoluto casual que a la mayor parte de los matemáticos no les sean ajenos los criterios estéticos. No les basta que una demostración sea conclusiva; su ambición apunta a la «elegancia». En esto se expresa un muy determinado sentido de la belleza, que ha caracterizado al trabajo matemático desde sus más tempranos comienzos. Naturalmente que esto plantea de nuevo la enigmática cuestión de por qué el público sabe ciertamente apreciar las catedrales góticas, las óperas de Mozart o las narraciones de Kafka, pero no el método de la recursión infinita o el análisis de Fourier.

Pero, por lo que respecta a la utilidad social, es sencillo refutar las afirmaciones de Hardy. Un ingeniero que tenga que calcular un motor eléctrico usual se sirve de los números complejos con completa naturalidad. Wessel y Argand, Euler y Gauss no pudieron imaginar nada de ello cuando, a finales del siglo XVIII y comienzos del XIX, crearon los fundamentos teóricos de esta ampliación del sistema numérico. Sin el código numérico binario que desarrolló Leibniz nuestros ordenadores serían impensables. Einstein no habría podido formular su teoría de la relatividad sin los trabajos previos de Riemann, y los especialistas en mecánica cuántica, en cristalografía y en técnica de la información se encontrarían más bien con las manos vacías sin la teoría de grupos. La investigación en el terreno de los números primos, una rama de la teoría de números de inagotable atractivo, ha sido considerada desde siempre una especialidad esotérica. A lo largo de algunos milenios, y ya antes de Eratóstenes y Euclides, las mejores cabezas se han ocupado de estos números, altamente caprichosos, sin que hubieran podido decir para qué servía aquello, hasta que de pronto en el siglo XX personas ligadas a los servicios secretos, programadores, militares y banqueros reconocieron que se podían ganar guerras y hacer negocios con las descomposiciones factoriales y los códigos correctores [*Falltürcodes*].

La inesperada utilidad de los modelos matemáticos tiene algo de desconcertante. No está claro en modo alguno por qué fantasmagorías de extrema precisión que fueron imaginadas al margen de cualquier empiria, por así decir como *l'art por l'art*, resultan tan apropiadas para explicar y manipular el mundo real tal y como nos ha sido dado. Más de uno se ha quedado asombrado de «the unreasonable effectiveness of mathematics». En tiempos más crédulos esta armonía preestablecida no era ningún problema; Leibniz podía sostener con toda tranquilidad que con ayuda de las matemáticas podríamos «hacernos una grata idea de las ideas divinas», sencillamente porque el Todopoderoso era en persona el primer matemático. Hoy en día los filósofos lo tienen considerablemente más difícil. La vieja polémica entre platónicos, formalistas y constructivistas parece haber perdido todo vigor, para acabar en un lánguido empate. Los matemáticos apenas se ocupan de tales cuestiones en su práctica profesional. Una explicación evidente, que desde luego no goza de gran simpatía entre los guardianes de la tradición, podría verse en el hecho de que es uno y el mismo proceso evolutivo el que ha creado el universo y nuestro cerebro, de tal modo que un principio antrópico débil cuida de que reencontremos las mismas reglas de juego en la realidad física y en nuestro pensar.

Konrad pudo declarar triunfante en su primera clase como profesor en Tübingen que las matemáticas son «el fundamento de todo conocimiento y el soporte de toda cultura superior». Un juicio exagerado y patético en su formulación, pero no incorrecto. Sólo que la utilidad palpable, la aplicación técnica usualmente tiene lugar con posterioridad, por así decir a espaldas de los pioneros, que, como Hardy, van sin miramientos por su propio camino, del que nadie puede decir de antemano adónde llevará. Las mediaciones entre la matemática pura y la aplicada son con frecuencia difíciles de adivinar; también ésta puede ser una causa de que el valor funcional de la investigación matemática sea fantásticamente subestimado en las sociedades actuales. Por lo demás, es verosímil que no haya otro ámbito en que el *time lag* cultural sea tan enorme. La conciencia general va cojeando por detrás de la investigación con un retraso de siglos, y hasta incluso puede declararse con frialdad que una gran parte de la población nunca ha ido más allá del nivel de la matemática griega. Un retraso comparable en otros campos, digamos la medicina o la física, probablemente pondría en peligro la vida. De una forma menos directa podría ser que esto valga también para las matemáticas, puesto que todavía no ha habido nunca una civilización que, como la nuestra, haya estado tan impregnada de métodos matemáticos hasta en la realidad cotidiana y haya sido tan dependiente de ellos.

La paradoja cultural a que nos enfrentamos podría describirse con tintes aún más graves, dado que existen buenas razones para pensar que vivimos una época dorada de las matemáticas. En cualquier caso, los resultados actuales en este campo son sensacionales. Las artes plásticas, la literatura y el teatro saldrían mal paradas en la comparación, me temo.

Fundamentar con mayor precisión una afirmación así es algo de lo que no me siento capaz. El lego sin esperanza que soy sólo puede seguir en sus líneas más generales los argumentos de los matemáticos. A menudo tengo que darme ya por satisfecho si entiendo de qué están hablando propiamente. También para mí se ha alzado el puente levadizo que conduce a su isla. Pero esto no me impide lanzar de cuando en cuando una mirada a la otra orilla. Así y todo, lo que veo allí me pone en condiciones de hacer plausible mi tesis con algunos ejemplos.

Probablemente la mayoría de las personas no han oído hablar nunca del problema de las clases de números. Se trata de uno de los mayores enigmas de la teoría de los números. Formulado en 1801 por Gauss, pudo ser definitivamente resuelto en 1983 por Zagier y Gross tras prolongados trabajos preparatorios. También pasó mucho tiempo hasta que pudo demostrarse el llamado teorema de clasificación. De lo que se trataba era de ordenar la infinita variedad de los grupos simples, que tienen muy mal puesto el nombre puesto que son de una naturaleza espantosamente complicada. Sólo ciento ochenta años después de que se fundamentara la teoría de los grupos, han encontrado Aschbacher y Solomon la clave de bóveda. Puedo ahorrarme más ejemplos. Los dos teoremas de incompletitud de Gödel, que presumiblemente fue el mayor genio matemático del siglo pasado, son suficientemente conocidos. Es probable asimismo que haya trascendido que el último teorema de Fermat, con el que durante tres siglos se han estado rompiendo los dientes, fue demostrado en el año 1995 por Andrew Wiles. Ya me gustaría ver un campeonato de fútbol que pudiera presentar triunfos así, por no hablar de las exposiciones documentales y los encuentros teatrales de los últimos años.

A pesar de ello no se produjeron tempestades de entusiasmo por parte del público, y con ello nos encontramos otra vez en la cuestión de partida de mis reflexiones. Y en este punto sólo queda un chivo expiatorio, y con ello me refiero a nuestra socialización intelectual o, para ser más preciso, a la escuela. Y no sólo se trata de las exigencias hiperbólicas a que hoy en día se somete a esa institución; las omisiones son más profundas y tienen raíces más antiguas. Cabe preguntarse si en los primeros cinco años del currículo existe algo que pueda llamarse enseñanza de las matemáticas. Lo que allí se transmite se llamaba antes, con toda razón, cálculo. Todavía hoy los niños son atormentados durante años de forma casi exclusiva con rutinas tediosas, un procedimiento que procede de la época de la industrialización y que, entretanto, ha quedado por completo anticuado. Hasta mitad del siglo XX el mercado de trabajo exigía de la mayor parte de los ocupados tres destrezas elementales: leer, escribir y el cálculo aritmético. La escuela elemental estaba para proporcionar mal que bien una fuerza de trabajo alfabetizada. Ésta podría ser la explicación de que en la escuela se haya impuesto y fijado una relación puramente instrumental con las matemáticas. Desde luego no quiero poner en duda que es conveniente dominar la tabla de multiplicar y conocer la regla de tres y el cálculo de fracciones. Pero todo esto no tiene que ver lo más mínimo con el pensamiento matemático. Es como si se quisiera introducir a la gente en la música obligándola a hacer escalas durante años. El resultado sería probablemente un odio de por vida a ese arte.

En los cursos escolares más elevados las cosas son casi siempre muy parecidas. La geometría analítica se trata básicamente como una colección de recetas, y lo mismo sucede con el cálculo infinitesimal. La consecuencia de esto es que se pueden obtener buenas notas sin haber entendido propiamente lo que se hace. Concedamos una buena calificación a cualquier estudiante que termina la enseñanza media, y ello tanto más cuanto que él no ejerce la más mínima influencia en los planes de estudio y en los métodos. Luego no hay que sorprenderse de que una enseñanza así a la postre fomente el analfabetismo matemático. El sentido funcional, en cualquier caso, lo ha perdido hace mucho tiempo porque los estándares del mercado de trabajo y de la técnica se han modificado decisivamente en los últimos decenios. Ningún muchacho de dieciséis años comprenderá por qué ha de ocuparse con unos cálculos aburridos que una calculadora adquirida en unos grandes almacenes puede hacer más rápido y mejor.

Pero la enseñanza de las matemáticas al uso no sólo produce aburrimiento, sobre todo representa un nivel de exigencia demasiado bajo a los alumnos. Parece ser una idea fija de la pedagogía que los niños no están en condiciones de pensar abstractamente. Por supuesto que esto es pura fe ciega. Más bien es cierto lo contrario. El concepto de lo infinitamente grande y de lo infinitamente pequeño, por ejemplo, es de inmediato accesible de forma intuitiva a cualquier niño de nueve o diez años. Muchos niños se sienten literalmente fascinados con el descubrimiento del cero. Qué es un valor límite se les puede explicar perfectamente, y la diferencia entre las series convergentes y las divergentes les resulta clara sin más. Muchos niños muestran un interés espontáneo por problemas topológicos. Es incluso posible divertirles con cuestiones elementales de la teoría de grupos o del análisis combinatorio si se sabe aprovechar su sentido innato por la simetría, etcétera, etcétera. Probablemente su receptividad para las ideas matemáticas es, en general, mayor que la de la mayor parte de los adultos, puesto que éstos ya han dejado tras de sí el período formativo acostumbrado. De los daños que sufrieron entonces no se habrán recuperado nunca en la mayor parte de los casos.

De todos modos, no sería juego limpio hacer responsables sólo a los profesores de matemáticas del desastre. Estos seres dignos de compasión no sólo son afectados por las directrices de los especialistas en didáctica, y de sus modas, también tienen que operar con las andaderas de la burocracia ministerial, que les marca planes de estudios y objetivos del todo brutales. Quizá sea el estatus de los funcionarios culpable de que el cuerpo de los profesores tienda a obedecer antes de la cuenta, como ha podido verse con el ejemplo de la llamada reforma ortográfica en Alemania. Un cierto apocamiento impide a muchos hacer uso de los espacios de libertad que les abre su condición administrativa de inamovibles de hecho. Pero también hay profesores que se resisten a las rutinas obsoletas que les imponen y que logran dar a conocer a sus alumnos la belleza, las riquezas y los retos de la matemática. Los éxitos obtenidos hablan por sí solos.

También fuera del sistema educativo se dan síntomas aislados que alimentan la esperanza de que se haya alcanzado el punto más bajo de la ignorancia matemática, e incluso que estemos ya más allá. En primer término, en la actitud de los especialistas parece estar cambiando algo. La generación actual de matemáticos corresponde menos que nunca al cliché de la persona hosca, introvertida y alejada del mundo. Esto es aplicable sobre todo al mundo anglosajón. No sólo motivos externos evidentes como la lucha por los medios de investigación favorecen ese cambio de mentalidad. Existen sobre todo causas internas a la matemática. La llamada crisis de fundamentos de la primera mitad del siglo XX puede haber contribuido a que se hayan empezado a imponer estilos menos rígidos de conducta. Asimismo, la distancia tradicional entre investigación pura y aplicada se ha reducido desde que los clientes y los beneficiarios se dejaron convencer de que se pueden obtener beneficios más rápidamente que nunca de la investigación básica. También la matemática experimental, apoyada con ordenadores, ha abierto posibilidades del todo nuevas, por más que sus métodos hayan estado mucho tiempo bajo la sospecha de falta de rigor. Y, en lo tocante a la tradicional arrogancia de la disciplina, tengo la impresión de que actualmente ha sido quebrada por un matiz irónico. Más que nunca son conscientes los matemáticos de su falibilidad; tienen claro que su catedral nunca será concluida y que para esa obra ni siquiera puede existir un plano completo. Muchos se muestran incluso dispuestos a hablar con no matemáticos.

Que esto puede llevar a dificultades en la comprensión mutua, no es sorprendente. Es una buena señal que en los últimos decenios hayan aparecido cada vez más intérpretes especializados en traducir a lenguas naturales el lenguaje formal del oficio. Es ésta una empresa enormemente delicada, pero también enormemente provechosa. También en este ámbito llevan la voz cantante los autores anglosajones. Célebres especialistas en el tendido de puentes como Martin Gardner, Keith Devlin, John Conway y Philip Davis han hecho al respecto un trabajo de pioneros; en Alemania hay que agradecer importantes servicios en la divulgación a revistas como *Spektrum der Wissenschaft* y a publicistas como Thomas y Gero von Randow. En ocasiones incluso los medios de comunicación se han apropiado de temas matemáticos, como en el año 1976, en que Appel y Haken resolvieron el problema de los cuatro colores, acaso más temido que relevante. Seguramente habrá que aceptar el riesgo de que la moda introduzca en tales casos deformaciones, como sucedió con las teorías sobre el caos y las catástrofes. Aquí desempeñan un papel no sólo los malentendidos semánticos. El asunto Sokal ha mostrado lo ridículos que pueden ser los diletantes cuando asimilan conceptos científicos a sus galimatías sin saber de qué están hablando. Por otra parte, es un indicio prometedor que *El último teorema de Fermat*, un *thriller* científico realmente serio de Simon Singh, se haya convertido en un best-seller internacional.

Se necesita cierta audacia para emprender intentos de traducción de esas características en una cultura caracterizada por un profundo desconocimiento de las matemáticas. No puedo resistir la tentación de citar parte de un diálogo que Ian Stewart, un matemático profesional que escribe espléndidamente, ha antepuesto a su libro *The Problems of Mathematics*. Un experto conversa aquí con un lego imaginario.

El matemático: Se trata de uno de los descubrimientos más importantes del último siglo.

El lego: ¿Puede usted explicármelo con palabras inteligibles para los mortales normales?

El matemático: No es posible. No sacará ninguna impresión si no entiende los detalles técnicos. ¿Cómo voy a hablar de variedades sin mencionar que las proposiciones correspondientes sólo funcionan si esas variedades son de dimensión finita, paracompactas y Hausdorff, y si tienen un margen vacío?

El lego: Pues mienta un poco.

El matemático: Eso no va conmigo.

El lego: ¿Por qué no? Los demás también mienten.

El matemático (próximo a ceder a la tentación, pero en conflicto con una costumbre de toda la vida): ¡Pero yo no puedo abandonar la verdad!

El lego: Claro que no. Pero podría deformarla un poco si de ese modo resulta inteligible lo que se trae entre manos.

El matemático (escéptico, pero estimulado por su propia osadía): Por mí... Se trataría de un experimento. Y el experimento de que se trataría es el de la alfabetización: un proyecto de larga duración, pero muy prometedor, que habría de empezar en la más tierna edad y que a nuestros cerebros, demasiado perezosos, podría aportarles cierto *fitness-training* y sensaciones placenteras completamente desacostumbradas.

Traducción de Ángel Repáraz

LOS MATEMÁTICOS

Raíces que no arraigan,
aplicaciones para ojos cerrados,
gérmenes, árboles, contracciones, fibras:
el más blanco de todos los mundos
con sus haces, secciones y clausuras
es vuestra Tierra de Promisión.

Arrogantes os perdéis
en la infinitud no-numerable, en conjuntos
vacíos, ralos, disjuntos
conjuntos en sí mismos densos y
conjuntos transfinitos.

Conversaciones fantasmales
entre solteros:
el último teorema de Fermat,
la objeción de Zermelo,
el lema de Zorn.

Deslumbrados ya de niños
por frías dilucidaciones,
os habéis desentendido,
encogiendo los hombros,
de nuestros placeres sangrientos.

Pobres de palabras, tropezáis,
ensimismados,
impulsados por el ángel de la abstracción,

sobre campos de Galois y superficies de Riemann,
con el polvo de Cantor hasta las rodillas,
a través de los espacios de Hausdorff.

Entonces, a los cuarenta, os sentáis,
oh teólogos sin Jehová,
sin pelo y bien enfermos,
los trajes raídos,
ante el vacío escritorio,
quemados, oh Fibonacci,
oh Kummer, oh Gödel, oh Mandelbrot,
en el purgatorio de la recursión.

Traducción de José Luis Reina Palazón

GOTTFRIED WILHELM LEIBNIZ
1646-1716

Ignoramos sus sentimientos. La superficie parece impecable
como un perfecto aparato. La levita del consejero áulico
va guarnecida de hebillas, encajes, fajines y botones.
Tras la crespa peluca se esconden los circuitos,
[sobrecargados,
densamente apretados. Todo un movimiento inmóvil crepita
bajo la bóveda craneal. Se reciben y codifican datos,
se computan y almacenan: *Estalación de los Conocimientos,*
Compendios Mensuales, Journal des Savants, Acta eroditorum.
Su legado póstumo a un mundo perplejo es un acervo
ingente de anales, informes, memorándums, catálogos,
misceláneas; un revoltijo de compendios y compendios
de compendios y compendios de compendios de compendios...

(En el contraespionaje nunca nos agradó L. Por supuesto,
es un genio y nadie lo discute. Pero se advierte un defecto en él:
falta absoluta de defectos. Los «rasgos humanos» del interfecto,
cierta *afección al dinero o leves achaques de gota,* son camuflaje,
refinadas sutilezas de su estructura programada, una artimaña
para apartarnos de la pista. Y a punto estuvo. La prueba:
Nadie de Palacio abrigó hasta ahora la mínima sospecha. Pero
nosotros afirmamos sin rodeos: L. es un artefacto.
[Presuntamente
está en conexión con una lejana potencia extranjera.)

¡Precisamente Hannover, donde las casas son tan sombrías!
Esta preferencia por los rincones mezquinos, por residencias

alemanas de provincias, poco acreditadas y poco iluminadas,
en fin, por lo disimulado, da mucho que pensar. Los fósiles
son su afición, y él mismo parece petrificado. Pero frenético
va tejiendo su red, tanteando, registrando, entrevistándose
en Amsterdam con Spinoza, en Londres con Newton,
[con Kircher en Roma,
en Basilea con los Bernoulli. China le atrae: contactos
con Pekín. *Novissima Sinica:* Sobre el sistema binario
y el *I Ching*. Conversa en parques sobre fomento y ciencia,
negocia en cancillerías. Y va dando tumbos en su carruaje,
roncando como una academia entera, por los caminos reales
[de Europa.

(De nuestros dossiers, dice la CIA, resulta el cuadro siguiente.
Vida privada: no cuenta. Intereses sexuales: ínfimos.
[Emotivamente
L. es un subnormal. Su relación con los demás es puro
[razonamiento,
no pasa de ahí. Y lo que más le desespera a uno
es su alucinante actividad. Dondequiera y comoquiera que esté,
en todo momento escribe, lee, calcula. Y no cesa de manipular
su maquinita de bolsillo de extraer raíces. Gira siempre
[el rodillo.
Como un autómata. Como un autómata que construyó un
[autómata.)

Él mismo se dicta los programas. Los algoritmos son nuevos:
cálculo infinitesimal de probabilidades. Son Artes lulianas
reincubadas por él. El trip total: *Characteristica universalis.*
Trepidante presupone: la máquina del universo opera,
aunque inconsciente, con profunda razón. La tarea es pues:
sonsacarle la razón. ¡Oh, combinatoria! ¡Oh, fe del carbonero!

I Ching: unas matas de milenrama, divídanse los tallos, cuéntese,
y divídase, cuéntese y divídase, precisando así un oráculo,
un método general, en virtud del cual serían las verdades
del saber racional reducibles a una forma de cálculo. Así
podría disponerse a la vez de un lenguaje o código apropiado
para orientar la razón y destruir el error.

(Sospechamos, sin embargo, que la propia condición de los
[autómatas
les hace optimizar el optimismo. La armonía es su obsesión.
Su conciencia, feliz por naturaleza, les delata sin remisión.
Al margen de ello, la comisión se pregunta cómo el tal L.
pudo conocer con doscientos años de antelación el álgebra
[de Boole.
Y concluye al respecto que sólo hay una explicación posible:
L. es un astronauta mecánico, una sonda extraterrestre.)

Acuña un caudal innúmero de proposiciones metafísicas
y emite una nube de filosofemas, que encubre
su saber señorial sobre *navegación, comercios, manufacturas:*
Los beneficios de tales cosas fluyen de las ciencias naturales
y la matemática. Un detalle: la explotación minera del Harz.
Surgen problemas hidráulicos, ruedas de cadena, cangilones,
malacates y cabrias no dan resultado. Ni tampoco la técnica
[aérea.
Y él se pone a diseñar sistemas funcionales, bombas extractoras,
puentes de viento. Se ocupa además de los misterios del fósforo,
la siembra de nabos, la reforma monetaria; y propone
[observatorios,
bancas de giro, fábricas de tintes; y planea sin escrúpulos
medidas de revaluación de la plata, y la conquista de Egipto.

(El Santo Oficio testifica: No compartimos las suspicacias
formuladas al respecto; pues L. no es sino una *simple máquina,*

y se sirven de él *seres superiores, a quienes la Tierra*
fue dada como residencia; y en el Orbe *se agitan e intervienen*
miles de manos invisibles, las angélicas, que se sirven de él
a manera de guantes para sus designios insondables.)

La verdad se presenta muchas veces maquillada, desmejorada,
pálida la tez, flaco y exiguo el cabello, frías las manos,
o enmascarada, estropeada y mutilada: avanza con paso rígido,
pausado, crujiendo como un muñeco, directa y monótona,
lo que mengua su valor y eficacia. Me viene a la boca
un sabor de hierro: Por fin lo reconoce él mismo.
Carece de fantasía. *Pero si pudiera hacerse reconocible*
(la verdad), *se obtendría el oro del estiércol, diamantes*
de las heces, y luz de las tinieblas; de forma contundente
se mostraría el progreso de nuestra inteligencia. ¡Ah, sí!
Asegura un anónimo que *en los últimos días de su vida*
se dedicó a descifrar el lenguaje de los ángeles.

Traducción de Kim Vilar

ANTOINE CARITAT DE CONDORCET

1743-1794

La bondad brillaba en sus ojos. Visiblemente, como Schlemihl,
sin sombra: sensato, noble, gloria de la ciencia. Un
[aristócrata, sí,
pronto su amor a la Humanidad le llevó del lado de la Revolución.
Y escribió en su postrer refugio *El estado actual de las Luces* a
[punto de expirar
nos *garantiza que la época* al fulgor de un cabo de bujía
será feliz. Cara o cruz, cabeza o blasón: qué lástima
que perdiera ambas cosas el ciudadano marqués. Nos
[condolemos,
pero el Terror siempre ha sido un tric-trac: un juego estocástico.

Privó ante todo su serena lucidez. Inspector de la Moneda,
[director
de Tráfico Naval, secretario vitalicio de la Academia.
[Carrera mediana,
plural en cambio, al servicio del bien común. Estudió la teoría
de los cometas, la triplicidad de poderes, la estadística
[mercantil...
Pero su espíritu incansable y progresivo parece más propenso
a insinuar que a realizar. ¡Ajá, insinuaciones! ¡Detención
[inmediata!
Lo condenan a muerte. Se oculta. Muy natural. Si se es tan
[virtuoso,
tan liberal, de tan buena familia, se lo elimina de los
[primeros.

Adjetivos habituales del repertorio esquelar y encomiástico:
«culto», «sensible», «cariñoso padre y esposo». De acuerdo, sí.
Mas no aclara la retórica piadosa ciertas cuestiones. Por ejemplo,
la cinta blanca en el pelo: ¿es verdad que su madre, muy beata,
lo consagró a la Inmaculada? ¿Que anduvo en medio de
[prelados
hasta los quince años, con toca y crinolinas, credos y avemarías?
¿Y cómo concuerda esto, si concuerda, con que un hombre
[tan remiso,
pulcro y distinguido, fuera luego venerado por tecnócratas
[sin entrañas?

La experiencia es el reino de la probabilidad. El arte de gobernar,
la voluntad popular, la industria y el comercio son como un
[tric-trac,
les son aplicables modelos matemáticos. Tanto quiebras
[como crisis
entran en lo calculable, y nos adoctrinan los magos de la teoría
Sobre la ventaja que obtiene quien sabe calcular su juego
sobre aquellos que confían en su instinto solamente
o en la rutina. Nuestra gratitud por las máquinas de
[Markov
y el principio Minimax: felicitamos al ciudadano marqués.

Se adelantó a la guillotina. Mas si es verdad que le hallaron
[en la celda
muerto por una fuerte dosis de veneno que escondía desde hace
[*tiempo,*
¿qué debe pensarse de sus *perspectivas de progreso del género*
[*humano?*
Toques de blanco filosófico, frases de blando algodón.
[¿Lo escribió
acaso con el veneno ya en la boca? Inhálese con cuidado.
Jamás volverá la antigua barbarie. Como un fluido ingenuo

nos sube a la nariz, y nos preguntamos qué habrá detrás de
[esta filosofía:
¿conjuro, fragante sarcasmo, última plegaria, idea fija o
[simple fraude?

Traducción de Kim Vilar

CHARLES BABBAGE

1792-1871

Un carácter algo extraño. Gordo, irascible, torpe:
un solterón cascarrabias quejoso de mal de orejas.
Persigue bastón en ristre una alegre parranda
de pilluelos, trompeteros y organilleros. Pero teme
a su sobrina: el tambor de labores sobre las blancas,
púberes rodillas, los biógrafos silencian sus sueños
de máquinas de vapor y largos bucles dorados.

Cierta vez, de la mano de su madre, pudo ver
en una casa luminosa de la Hanover Square
un autómata de Vaucanson (La bailarina metálica),
y el engranaje se puso en marcha. Un rechinar
en la cabeza del chico, suave y persistente.
El motor ya no se detuvo en setenta años.

Tareas: *Calcular la frecuencia relativa de diversas*
causas de rotura de vidrios en ventanas no arqueadas;
índice de probabilidad para que un ser humano
resucite de entre los muertos (Solución: 1:1012);
ordenar veinte mil alfileres volcados promiscuamente
en una caja, de manera que todas las puntas
vayan en el mismo sentido y dirección;
hallar un método que permita producir
facsímiles de cualquier creación
de la Naturaleza o del esfuerzo humano.

Sus viajes a través de Europa en un carruaje por él diseñado,
donde podía dormir y cocer huevos; donde llevaba
planos, levitas, telescopios y un tubo de Kussmaul.
Su expedición al Vesubio: una redoma de sales cordiales,
un bastón que arde en grandes llamas: reminiscencias
de las excursiones de Spallanzani y del Romanticismo.

Pero cuando el pobre Tennyson le mandó sus versos
(Every minute dies a man / Every minute one is born),
propuso corregir en la siguiente edición
el error contenido en tan excelente poema
como sigue: «Cada minuto muere un hombre
y nacen uno coma ciento sesenta y siete.»

A la próxima nos inventa una máquina de escribir novelas,
comentó Emerson. Y él contestó: *La feria de cerdos en Padua*
y la de libros en Leipzig son el mismo espectáculo.

Construyó, pues, un autómata que en vez de literatura
paría logaritmos. Y el aparato tocaba un timbre
cada vez que encontraba una raíz imaginaria.

En mil ochocientos treinta y cuatro, el año del *Hessischer*
[*Landbote,*
Charles Babbage, neurópata rematado, Fellow de la Royal
[Society,
fundador del análisis operacional, ideó la ficha perforada.

Dividió en siete operaciones la fabricación de un alfiler:
tirar, enderezar, afilar, tornear, rematar, estañar y envasar,
y calculó el gasto salarial en una millonésima exacta de
[penique.
No muy lejos de la chimenea de Mr. Babbage, un comunista
en el British Museum repasó la cuenta y la encontró correcta.

Era una tarde de niebla. Llegaba un rechinar suave, persistente
de las industrias de triturar y acumular.

Dos grandes obras inacabadas: *El Capital* y la máquina analítica.
Cuarenta años victorianos. La primera operadora digital,
sin lámparas ni transistores. Cinco toneladas de peso,
como una habitación, un engranaje de latón,
estaño y acero, movido por muelles y pesas,
capaz de cualquier cálculo, de jugar al ajedrez,
de componer sonatas, y aún más: *simular cualquier proceso*
de cambio de relaciones entre un número ilimitado de elementos.

Rumiando planes que llenan el piso entero de una casa,
porque así lo exigen las condiciones del problema, he mutado
la infinitud del espacio en la del tiempo, con el fin
de montar una máquina de limitada dimensión para hacer
cálculos de ilimitada extensión. Y en este momento aparece
en la puerta del estudio Lady Lovelace, con el rostro velado,
y nos explica la función de estas ruedas, espirales
y árboles de levas: *Con su máquina va tejiendo*
muestras algebraicas, como el telar de Jacquard
teje flores y ramilletes. (Era la hija de Byron.)

Cuando estaba casi completa en su espléndida belleza
(la máquina) *hubo que interrumpir su construcción.*
Los gastos habían alcanzado la cifra de veinte mil libras
y la puesta a punto se había calculado en el doble.
Por tal razón se abandonó el proyecto.

Y sigue inerme desde entonces, como un mamut, un
[capricho evolutivo,
un fósil del futuro en los bajos del Museo de Kensington.
Una fábrica en la que están todas las fábricas. Una ruina.

Los organillos que taladran los oídos de Mr. Babbage, Fellow
de la Royal Society, están preprogramados, por fichas
[perforadas
que silban, condicionan el ritmo y mantienen su grado de
[enfermedad.

El engranaje, impulsado en el cerebro de un niño de ocho años
mediante la visión de una bailarina plateada. *Me pregunto
si en mi vida he sido feliz un solo día.*

Un rechinar suave, que ahoga todos los gritos.

Traducción de Kim Vilar

ALAN MATHISON TURING

1912-1954

Es cosa segura que nunca leyó un periódico; que tejía él mismo sus guantes; que continuamente perdía las maletas, los libros y los abrigos; y que si alguna vez en un banquete salía de su tenaz silencio, caía en un *horrísono tartamudeo* o rompía en *estridentes carcajadas*. Sus ojos eran de un azul brillante, anorgánico, *como de vidrio coloreado.*

Veamos. Supóngase un autómata universal A, capaz de simular cualquier otro autómata A_n. A es una caja negra alimentada por una cinta de papel de longitud ilimitada; esta cinta es su mundo exterior. Está subdividida en campos de pulgada de largo, cada uno de los cuales está en blanco o marcado con un signo. Supóngase ahora que A lee pacientemente los campos uno tras otro, haciéndola avanzar o retroceder de manera que y/o escribe un signo y/o borra un signo cada vez; y llámese al aparato, por su inventor, una Máquina Turing.

Sabemos además que se aisló con el mayor cuidado; que vestía ropas viejas y haraposas, viajaba en cubierta y dormía en oscuros hostales. Por lo visto, pretendía borrarse. Una noche en su villa campestre, una casucha ruinosa, como en una novela de Agatha C., se envenenó, quizás por error, con cianuro potásico. Toda analogía con personas vivas o difuntas es pura coincidencia.

Obsérvese también que cada autómata específico, tanto si calcula órbitas planetarias, escribe mazurcas o construye a su vez autómatas, sólo es un estado A_n de A. Este supuesto tampoco cambia en el caso de que A_n sea el doble de grande que A o múltiples veces más complicado que A.

Con un torno que tenía en el desván, se labraba él mismo ruedas dentadas. Por *repugnancia a los transportes públicos hacía a menudo millas enteras a pie, campo a través.* Solía reparar radios y otros aparatos con cordel de empaquetar. El Servicio Secreto le apreciaba por su capacidad de descubrir cualquier código. Sin embargo, con no menos facilidad se desmayaba, sin causa aparente.

Quede clara la imposibilidad de predecir con certeza qué soluciones puede facilitar el autómata y cuáles no. En todo sistema cerrado suficientemente amplio existen proposiciones irresolubles. Aunque parezca perogrullada, es un hecho que la prueba sólo puede ser aportada por la prueba misma. Por lo demás téngase presente que la apatía del autómata universal es ilimitada y que no ha sido construido jamás.

Al margen de lo dicho, acostumbraba a ir en bicicleta bajo la lluvia; y encontraba práctico sujetarse un despertador al cinturón y llevar puesta una máscara de gas; lo primero para ser puntual, lo segundo por temor al constipado alérgico, pues padecía de asma; en todo caso se trata de un detalle humano bastante tranquilizador. La razón por la que evitaba siempre tocar la piel de otras personas, fueran de un sexo u otro, la desconocemos.

Respecto a la Máquina Turing, se propone aquí un experimento. Alguien de nosotros –llamémosle B– entrará en relación con ella (a través del indicador de datos o teletipo). C, un censor, supervisará el diálogo. A se hará pasar por un ser humano, B hará lo propio y C deberá decidir quién es el hombre y quién la máquina. A esta regla experimental se le llamará, por su inventor, un Juego Turing.

Se pueden inventar obras maestras en mecánica sin haber llegado a ejecutar o manipular una sola máquina, de igual manera como se pueden encontrar métodos de calcular los movimientos de un astro que jamás se ha visto. (Condorcet.)

Cada vez que la máquina se delata (bien por cometer un error, bien por el contrario, por no cometer ninguno), corrige su programa. Va aprendiendo y aprendiendo. La cuestión está en cómo va a terminar la partida. No tenemos la respuesta pero téngase en cuenta que el juego puede durar muchísimo tiempo y que jamás se ha llevado a la práctica.

Sea como sea, sigue vivo el rumor de que en las cercanías de Cambridge, y particularmente en las jornadas húmedas de octubre, puede vérsele, a él o a su simulacro, caminando campo a través por los rastrojos, en medio de la niebla, cambiando de rumbo continuamente, de forma desconcertante e imprevisible.

Traducción de Kim Vilar

JOHN VON NEUMANN

1903-1957

Papada, cara de culo, ligero contoneo:
éste tiene que ser un cómico
o un representante general de alfombras,
o un bonvivant del Rotary Club.

¡Pero, ay, cuando Jáncsi de Budapest
comienza a pensar!
Sin piedad pulsa bajo su cráneo
su procesador blando,
un centelleo pasa por la memoria de datos
y arroja como un rayo ecuaciones balísticas.

A Eichmann y Stalin les ha dado mate
en tres jugadas: Gottinga-Cherburgo,
Cherburgo-Nueva York, Nueva York-Princeton.
En primera clase dejó la zona de muerte.

No necesitaba más que cuatro horas de sueño,
bastante nata sobre el pastel de semillas de adormidera
y un par de billetes de banco en Suiza.

También quien nada ha oído de él
(una mayoría)
pone en movimiento con el ratón en la mano
su álgebra de Boole.

Y en lo que se refiere a la inteligencia artificial,
sin la suya sería hoy todavía
un monstruo sin dirección.
Es igual si se trata de una partida de dados
o de un huracán,
de autómatas fecundos o de cálculos de tiro,
la tiza en su mano corre detrás,
tan rápida es su red neuronal.

Maníaco garabatea espacios de Hilbert,
círculos y modelos. Sin límites
opera con operadores ilimitados.
Lo que importa: *soluciones elegantes*
para hacer bailar al planeta.

Un viejo niño prodigio con puntos de contacto con los
[servicios secretos.
Rugiendo aterrizan los helicópteros en su césped.
«Fat man» en Nagasaki: pura matemática.
La guerra como droga. *Un arma no es nunca*
demasiado grande. Siempre de buen humor
en el *lunch* con los almirantes.
De hecho es tímido y hay rompecabezas
ante los que su caja negra fracasa.
El amor, por ejemplo,
la estupidez, el aburrimiento.

Pesimismo = pecado contra la ciencia.
¡Energía en conserva, control del clima, eterno
crecimiento!
Cambiar Islandia en un paraíso tropical –
no hay problema. El resto es *banal.*

Después, la excursión de la empresa a otra isla,
en traje de rayas, con gafas oscuras: Bikini.
«Operación punto de inflexión.» El experimento resultó.
Diez años necesitó el cáncer de las radiaciones
para desconectar sus sinapsis.

Traducción de José Luis Reina Palazón

ISÓTOPO

¡Pleguemos pacíficamente los paraguas!
El próximo diluvio será suave.
El viejo procedimiento, comandantes y vacas
en los postes de alta tensión, la general
afluencia al Ararat, a los clubs alpinos,
la funda del colchón estalla de repente, pánico
entre los fontaneros y palomas insolentes
con o sin ramita de olivo, todo eso
no ha demostrado bien su eficacia: siempre
los mismos justos saltaban del arca
y negociaban, para burla de los abogados,
empréstitos convertibles y papas al par.

Hoy hay en el Ural y Arizona
premios Nobel en manadas dedicados
a mejorar el grado de efectividad,
para proteger los tobillos de las damas.
En los laboratorios reina confianza,
de las ranuras de las puertas sale un rocío,
una erupción húmeda y humana,
a prueba de bombas, muerte y función, grasienta,
un afónico sudor finísimo.

Se acabó el tiempo de los experimentos,
de los poros del mundo sale hace tiempo
un diluvio seco y nos ahogamos,
disciplinadamente ante ventanillas de billetes
de rodillas en relojes de cuco y yodo.

Traducción de José Luis Reina Palazón

II

II

GIOVANNI DE' DONDI

1318-1389

Giovanni de' Dondi, de Padua,
pasó toda su vida
montando un reloj.

Un reloj sin precedentes, insuperado
a lo largo de cuatrocientos años.
De múltiple propulsión,
con ruedas elípticas,
conexión articulada
y el primer escape de husillo:
una inaudita construcción.

Siete cuadrantes
mostraban el estado del cielo
y las sordas revoluciones
de los planetas.
Y el octavo, de todos
el más pequeño,
daba la hora, el día y el año:
A. D. 1346.

Forjado por la mano de su autor:
una máquina celestial,
inútil y densa como los *Trionfi,*
un reloj de palabras
que construyó Petrarca.

¿Mas por qué perdéis vuestro tiempo
en leer mis escritos,
si no podéis hacer
lo mismo que yo?

Duración de la luz solar,
cotas del periplo lunar,
las fiestas movibles.
Un totalizador. A la vez
un duplicado del cielo.
Todo en metal, en metal.
Debajo de este cielo
seguimos aún viviendo.

La gente de Padua
no miraba el reloj.
Se sucedían golpes de Estado.
Rodaban carros de apestados.
Los banqueros
ponían las cuentas en claro.
La comida era escasa.

El origen de aquel mecanismo
es muy problemático.
Computador análogo.
Menhir. Astrario.
Trionfi del tempo. Residuo.
Inútil y denso
como un poema en metal.

No giraba Guggenheim
letras a Petrarca
los primeros de mes.
No tenía De' Dondi
contrato con el Pentágono.

Otras aves de rapiña. Otras
palabras y ruedas. Pero
el cielo es el mismo.
En aquella Edad Media
seguimos aún viviendo.

Traducción de Kim Vilar

JACQUES DE VAUCANSON

1709-1782

Un público exquisito. La seda de los atuendos
vibró con unánime frufrú: ¡Fantástico!
Un chef-d'œuvre: el pato mecánico.
También Diderot se entusiasmó. El autómata
se zarandeaba, chapoteaba en el agua:
¡Qué finura en todos los detalles!

Las alas fulguraban al sol. Cuatrocientas
piezas móviles por partida doble.
Revoloteos metálicos, graznidos
de acero y charol. Rubor del artista.
Modesto, amable, algo inseguro.

Pero *cuanto más grande y compleja es la máquina,*
más numerosas son las conexiones
entre cada una de sus partes;
cuanto menos se conocen las conexiones
tanto más ambiguo será nuestro juicio.

¡Bravo! El cardenal Fleury, tras la exhibición,
abraza al inventor, lo coloca sin más al frente
de la Manufactura de Sedas de Lyon.
¿Y qué sucede, pues, si la máquina
es ilimitada en todos los aspectos?

Curioso como el nuevo inspector se encierra.
No consulta a nadie. Dibuja febrilmente.

El sueño de la razón engendra monstruos:
máquinas para construir máquinas.
El telar automático, propulsado
por rueda hidráulica única (de carga superior)
y cadenas sin fin. *Perfección, economía.*

Se endereza el hilo por completo,
se corta siempre en partes iguales,
se dobla simétricamente; a cada extremo
un ganchillo, siempre igual, recoge
el hilo que formará el punto siguiente.

Del hilvanado hasta el prensado,
un complejo industrial integrado,
bien iluminado y climatizado:
un diseño de elegancia sin igual.
(Entre dividendos e ingenio
actúan ciertas conexiones.)

En adelante los obreros de Lyon
ocupan todas las horas hábiles
de su vida en un juguete inmenso,
aprisionados en él: *de forma que*
realizando cada uno constantemente
la misma y simple operación, puede
hacer más y mejor en menos tiempo.

¿Y qué sucede, pues,
si se rebelan los tejedores?
¡A destruir la hilvanadora!
¡A lapidar al vampiro!

Para escarnio de la turba levantisca
construyó él mismo un asno
que tejía un paño floreado:

Suma y sigue. *(Todo aquel que quiera*
traer a los hombres luces nuevas,
se expone a sufrir persecución.)

Y vino Jacquard. Jacquard fue el siguiente
con sus plantillas perforadas. Progresos,
barricadas. *Los regueros de sangre*
fueron del todo inevitables.

También el pato se fue perfeccionando:
al final, picoteaba incluso semillas,
las digería por completo, y *la pestilencia*
que ahora recorre la estancia es realmente
insoportable. Felicitemos, pues, al artista
por el placer que su maravilloso invento
nos ha deparado a todos los presentes.

Traducción de Kim Vilar

ÉTIENNE JULES MAREY

1830-1904

Los hechos son su droga. Correcto siempre,
el hijo de un vinatero de la Côte d'Or,
rechoncho, positivista, cuello duro y antiparras.
Todo abotonado, quieto tras su aparato
al acecho del menor movimiento,
persigue una presa fugaz: el *Lenguaje*
de los fenómenos en sí, un fantasma. En la rue
de l'Ancienne Comédie se da una nueva función.

El cátedro alquila sala, tablas y vestuarios.
Levanta someros tabiques: el saloncito
con su piano; el taller mecánico; subiendo
por escalerillas, el cuarto de estudio,
la cama y el archivo. Una gran nave el resto,
una pista encerada, reluciente, candilejas,
negros, blancos cicloramas, columpios, bambalinas.
Allí se exhiben y actúan los hechos como son.

Una paloma sujeta al eje de un carrusel.
¿Vuela o se la hace volar? La trayectoria
de sus alas es invisible; pero vean
cómo un punzón de acero con mando neumático,
que la sigue por una selva de tubos y tambores,
trémulo rasga sobre un papel ahumado.
Algo escribe, dibuja, se mide a sí mismo:
es una alucinación, que llaman «Naturaleza».

Muestras de matemática elegancia, relaciones:
frecuencia y tono muscular; temperatura
y presión; ondulaciones, temblores y saltos.
Locomoción en todas las variables: *machine animale.*
Por aire y por agua. La anguila, el pianista,
el molusco, el corazón de salamandra: tractrix,
cisoides; curvas de contención, sección e imbricación;
rutas, torbellinos, diagramas... «El mundo» en suma

es un espejismo: Nada vemos «como es».
Incluso lo que asoma se hurta al sentido.
A más sutiles trampas, más precisos instrumentos.
Más abstractas las armas. Y el fisiólogo apunta
con un *fusil fotográfico de alta velocidad*
que obtiene por minuto dieciséis disparos.
Y sobre la negra pantalla, la blanca gaviota
deja tras de sí *un rastro luminoso y sin fin.*

Cavila, diseña y construye el primer tomavistas,
pero no quiere hacer cine: ver es lo que quiere.
En los Campos Elíseos un hombre se apea
de su bicicleta. Pero ¿cómo lo hace?
Imposible verlo sin cámara lenta. Pues la inventa.
Llenan su teatro astrofísicos y médicos,
la flor y nata de la ciencia (y en el fondo,
inadvertido, se sienta un tal Edison, capitalista).

Para estudiar un insecto tendría que construirlo.
Y el erudito se hace demiurgo, y falsifica
abstractos corazones, pajarracos propulsados, máquinas
que respiran. Por el parquet encerado repta
un facsímil de culebra. Y funde en bronce
el vuelo de la gaviota. Un bicho fabuloso:
aleteo cuatridimensional, avance coagulado,
inercia que fluye. Un tiempo que se palpa.

Un necio. Convertía en artefacto lo que tocaba,
un idólatra de la ciencia de los explotadores,
un ingenuo precursor del terror tayloriano,
un padre involuntario de Hollywood, y de paso
un artista, un inventor a la fuerza, un Mallarmé
por error. Un genio de la reproducción:
Inmóvil nos mira el ojo del Gran Observador,
violáceo y mate, un iris ciego de bromuro de plata.

Traducción de Kim Vilar

FREDERICK WINSLOW TAYLOR

1856-1915

Tan sólo los locos son tan diligentes. *Sí, mamá.* A conciencia
llena azucareros, se cepilla, practica en el piano,
toma puntual su baño frío, rebaña el plato y siega
bajo las magnolias el césped, con terrible asiduidad.

Empapado de sudor, despierta de un salto. Con sus trece
[años
se cose un correaje, se hace una cama de clavos de madera.
Cuando sueña, apenas se revuelve, los pinchazos
lo despiertan antes de que le invada el miedo.

Un tipo reprimido. *La palabra* yo *nunca aparece en sus escritos.*
Abstemio, no fuma, no toma té ni café. *Toda una vida
consagrada al bien del mundo laboral.* Sí, mamá.
Bethlehem, primer monopolio del acero. ¡Más dureza,

más esfuerzo, más ahorro! Bravura inusitada en un lacayo.
Destajo, acoso a la holganza. ¡*Tenemos que ser amigos!*
(Trabajo y capital.) Resulta en el fondo deprimente
que no lincharan a aquel faquir que les gritaba:

¡No tenéis por qué pensar! Más alta la norma, más
cronómetros. Maniobras, división de clase, vivisección,
sumisión absoluta de las masas. (Lenin le admiraba.)
Producción: nuestra cama de clavos. Nos predica el profeta

la ciencia del cepillado perfecto, la ciencia
de llevar las riendas, de alzar muros, de desempolvar,
de tocar el piano, de *aprovechar forzosamente al máximo*
y de suprimir todo lo carnal. ¡Sí, éstas son *las tareas*
inmediatas del poder soviético: los mejores sistemas
de control, los logros más grandiosos! Sí, mamá. *En casa,*
en el campo, en la iglesia, en los negocios privados y públicos.
Explotación de la ciencia: ciencia de la explotación.

Siempre *sano,* siempre *normal.* Absorto, informe, sin sueño
sobre informes montones de cojines. Socialautómata.
[Impotente.
Sí, mamá. En una foto amarillenta, él, un hombre corpulento
con párpados entornados, lleva una blusa rosa y falda de
[volantes.

El batán de vapor, cientos de patentes. El ángulo óptimo de
[sección
para cuchilla rápida de desbastado. *La máxima prosperidad*
debe ser la meta de cada individuo. Vive retirado, cultiva rosas
y en la agonía da cuerda con esmero a su reloj de bolsillo.

Traducción de Kim Vilar

EN MEMORIA DE SIR HIRAM MAXIM

1840-1916

I

De camino a la escuela, en la cuneta,
el bramido del avión en vuelo rasante, después
nubecitas de polvo a la izquierda, delante, a la derecha,
en silencio, y sólo después de esto
el martilleo de los cañones a bordo.
La admiración se mantuvo en sus límites.

II

Más tarde, mucho más tarde, surge él
de la vieja enciclopedia. Un hijo de campesinos.
El rancho en una región despoblada, visitado
por los osos. Eso hace mucho tiempo.
Con catorce, aprendiz de carpintero de carros:
16 horas al día, cuatro dólares al mes.
Se ganó la vida como latonero,
boxeador, hacedor de instrumentos, gritó:
¡Un inventor crónico soy yo!,
mejoró ratoneras, rizadores
y construyó un tiovivo neumático.
Su avión a vapor, peso de caldera
600 kilos, tres toneladas de agua potable,
se estrelló por el propio peso.
Tampoco su sucedáneo del café fue un éxito.

Sólo la gran exposición de París,
una magia de hilos luminosos y arcos voltaicos
le dio la Legión de Honor y la iluminación.

III

Tres años más tarde el Príncipe de Gales
pudo visitar en los pasillos subterráneos
de Hatton Garden una maravilla precisa:
cargaba, tensaba, acerrojaba, tiraba,
abría el cierre, tiraba la vaina,
cargaba y tensaba, continuamente, por sí misma,
y la cadencia – ¡fabulosa! La cadencia:
diez disparos por segundo, fuego continuo.
¡Arma de carga por retroceso! Esto es genial,
gritó el Duque de Cambridge, ¡nunca más
será la guerra lo que ha sido hasta ahora!
Un arma de inaudita elegancia.
Fue armado caballero con el próximo correo.

IV

Hoy naturalmente, que esta conquista
se puede lograr en cualquier patio escolar,
cuesta trabajo sentir
lo que él ha sentido: la instintiva alegría
de un mamífero con barba con 270 patentes.
Nosotros en todo caso, cien años más jóvenes que él,
yacíamos como muertos allí al borde del camino.

Traducción de José Luis Reina Palazón

PROGRESOS INQUIETANTES

Sobre la obra de Sigfried Giedion
El dominio de la mecanización

Una tarde sin nubes del otoño de 1785 el mecánico Oliver Evans, un hombre de treinta años rechoncho y de rostro violáceo, puso en funcionamiento en el Redclay Creek de los bosques de Delaware un singular dispositivo de madera y hierro y de tres pisos de alto, que él había construido con sus propias manos: un molino sin molinero, la primera instalación productiva totalmente automática del mundo. El complicado sistema de montacargas, cintas transportadoras, elevadores de cangilones y tornillos sinfín de molino, se mantenía en funcionamiento por el propio peso del material a moler. De forma continua y sin intervención de la mano humana el cereal era acarreado, limpiado, molido, enfriado, cernido, aventado y preparado para el transporte.

El molino que por aquel entonces y en un apartado rincón del Nuevo Mundo se puso en movimiento con sus chirridos y su estrépito, tiene que haber parecido a los contemporáneos el engendro de un cerebro enfermo. Los especialistas que debían dictaminar sobre aquel dispositivo automático que no necesitaba del hombre, hablaron de «una carraca que no merece la atención de una persona razonable». Doscientos años después y cuando, en una estimación grosera, el número de desempleados en las zonas industriales del mundo se eleva a cincuenta millones, es probable que tengamos que tomarnos algo más en serio la obra de la vida de Oliver Evans.

Sobre la persona del inventor no sabemos demasiado, aparte de que era carretero de profesión, un provinciano solitario y ascético, un autodidacta colérico que nunca había visto por dentro una escuela superior. De joven debió de esbozar un aparato nuevo para cardar la lana y el algodón; incidentalmente inventó la primera máquina utilizable del mundo para la fabricación de hielo, y en Filadelfia, que entonces era aún una colonia bucólica, presentó un día ante los atónitos ciudadanos una excavadora anfibia. El vehículo, de quince toneladas, llevaba encima una máquina de vapor de alta presión y estaba provisto de una bomba, una rueda accionable con los pies y una cinta continua sobre la que iban los cangilones. Nos imaginamos al inventor, orgulloso al volante y dirigiendo su vehículo informe hasta el embarcadero, prescindiendo de las cuatro ruedas con un movimiento de palanca y avanzando aguas abajo entre el humo emitido, hasta que desaparece a nuestras miradas en un recodo del río Delaware.

El molino sin molinero, del que sólo se han conservado unos cuantos planos de la construcción, plantea toda una serie de cuestiones. ¿Cómo surgió ese objeto enigmático? ¿Cuáles fueron sus supuestos? ¿Cuál era su finalidad? ¿Y cuáles fueron sus consecuencias?

Oliver Evans había muerto hacía mucho tiempo y su molino había sucumbido a la putrefacción cuando alguien se dispuso a responder esas preguntas. En medio de la Segunda Guerra Mundial un estudioso suizo llamado Sigfried Giedion escribió un libro sobre la mecanización del mundo. Giedion era, exactamente igual que Evans, un *outsider*, un tenaz pensador por cuenta propia, y, exactamente igual que Evans, se había adelantado a su tiempo. Indicio de ello es el hecho de que hayan tenido que pasar treinta y cinco años para que su libro, aparecido en 1948 en los Estados Unidos y en Inglaterra, fuera (re)traducido a la lengua del autor.

Giedion nació en 1888 en Brünn como hijo de un fabricante del ramo textil. Su carrera científica es en extremo desacostumbrada. Estudia ingeniería mecánica e historia del arte, una combinación de intereses que tuvo que parecer escandalosa a sus compañeros de oficio. Aún más irritante fue la relación entre teoría y práctica que Giedion estableció como base de su trabajo. Porque no le gustaban los productos de la industria suiza del mueble fundó una empresa y se dedicó al diseño, la fabricación y la venta de sillas, lámparas y mesas mejores. En lugar de aplicar en los seminarios universitarios sus conocimientos de historia del arte –se había doctorado con Wölfflin–, los amplió en los talleres de los surrealistas. Su vivísimo interés por la arquitectura y el urbanismo no sólo tuvo expresión en sus escritos, también lo llevó a la Bauhaus y al estudio de Le Corbusier. Fue al mismo tiempo investigador y empresario, organizador e historiador, reportero y arqueólogo. Su actividad debe de haber asustado profundamente a los profesores de su tiempo, pues amenazaba sus principios más sagrados. Por eso no es sorprendente que las escuelas técnicas superiores suizas sólo después de la Segunda Guerra Mundial, y más bien de mala gana, le hayan abierto la posibilidad de transmitir sus conocimientos; en 1948, a una edad en que otros piensan en su jubilación, Giedion se convirtió en *Privatdozent* en Zurich.

«Hasta ahora se ha escrito demasiado sobre las ciencias y demasiado poco sobre las artes mecánicas. Esto nos ha movido a recurrir a los artesanos. Nos hemos tomado la molestia de visitarlos en sus talleres, de someterlos a preguntas, de tomar notas al dictado o de solicitarles informes técnicos. Incluso con alguna frecuencia tuvimos que procurarnos máquinas, montarlas, ponernos manos a la obra, por así decir hacernos aprendices y producir malas piezas para mostrar a otros cómo se hacen las buenas. De este modo nos convencimos de la ignorancia en que nos encontramos todos frente a la mayor parte de los objetos de la vida, y de la necesidad de salir de esa ignorancia.»

Hay que retroceder al *Prospectus* (1750) de Diderot para hallar un precedente de la forma de operar de Giedion. Cuando emprendió su trabajo de pionero lo primero que hizo fue examinar minuciosamente las bibliotecas en la esperanza de apoyarse en las investigaciones de sus predecesores. «Pero pronto advertí que eso era imposible. En campos muy extensos no existían trabajos preparatorios de ninguna clase. Así, por ejemplo, no me fue posible encontrar una sola exposición de procesos tan revolucionarios como el desarrollo de la producción en serie o la introducción del confort mecánico y los correspondientes aparatos en nuestro entorno íntimo. Tuve por tanto que volver a las fuentes.»

Pero esas fuentes no se encontraban en ninguna biblioteca. Eran parte de los restos perecederos de la sociedad industrial. Como un detective tuvo Giedion que revolver en las papeleras del siglo XIX en busca de folletos de propaganda comercial, memorias de patentes y catálogos de venta de empresas desaparecidas mucho tiempo atrás, y donde no le bastaban las fuentes impresas encontró otros medios para llegar al material que necesitaba. Remitió, por ejemplo, centenares de cuestionarios a los fabricantes americanos de bañeras y de equipos sanitarios. Cuando era necesario el estudioso, como Diderot, se hizo reportero, «aprendiz». Estuvo observando con atención las plantas de fabricación del consorcio de maquinaria agrícola McCormick, en una granja de Nueva Inglaterra experimentó con una nueva segadora y en los mataderos de Chicago estudió la mecanización de la muerte.

Para volver de nuevo a Oliver Evans, el molinero que, por así decir, se abolió a sí mismo... Su molino, naturalmente, no cayó del cielo. Algunos de sus elementos constructivos pueden perseguirse hasta la antigüedad, como la cadena de cangilones, que se ha utilizado para el riego en Oriente, desde China hasta Egipto. El historiador del arte Giedion puede incluso presentar un dibujo de Pieter Breughel en que se ve la forma como en 1561 en Holanda se realizaron excavaciones para construir un canal; en la imagen se reconoce claramente el empleo de la cadena de cangilones como excavadora. Y en un sistema técnico de tabulación del Renacimiento tardío encuentra Giedion una «máquina para extraer agua por medio del tornillo de Arquímedes». Por tanto lo novedoso y sensacional del proyecto de Evans no son sus partes aisladas, lo nuevo es su integración en un mecanismo que excluye al ser humano como productor.

Peldaño a peldaño muestra ahora Giedion el modo como se ha ido imponiendo ese principio en el curso de la evolución técnica. Exhuma documentos que muestran la manufactura de bizcochos en Inglaterra, una fábrica de máquinas herramientas en Suiza y un sistema de cadena de fabricación en los mataderos de Cincinatti, precursores de la cadena de montaje de Ford y de las líneas de fabricación totalmente automatizadas de la industria automovilística actual.

Más difícil de contestar es la pregunta sobre lo que puede haber sido el auténtico motivo que impulsó a Evans, ese «espíritu solitario y profético», a inventar y construir su «molino de madera». En la América del Norte de finales del siglo XVIII no existía una industria en sentido propio; se disponía en grandes cantidades de fuerza de trabajo barata. El cálculo capitalista o la necesidad de racionalizar métodos no pueden por tanto servir de explicación del proyecto de Oliver Evans. Su trabajo carece de cualquier motivo económico o social. ¿Lo llevó a cabo para hacer una travesura? ¿Construyó un juguete por el simple motivo de que le pareció técnicamente imaginable? ¿O detrás de esto había una utopía oscura y no expresada: la abolición del trabajo? Es ésta una pregunta que Evans no se planteó y que a fin de cuentas tampoco pudo contestar Giedion.

Lo que, sin embargo, parece seguro es que la idea de alejar al ser humano del proceso productivo surgió primero como experimento sin objetivo de aficionados, como un capricho genial. Giedion llama «invenciones para mantener en reserva» a los trabajos de pionero de este tipo, y puede demostrar que son más la regla que la excepción. El pensamiento de que un autómata haría superfluo no sólo el trabajo, sino también al trabajador, estaba lejos del molinero de Filadelfia. Por detrás del proceso biológico y del histórico se están dibujando los contornos de una tercera evolución, una evolución de los dispositivos técnicos que actúa igual de inconscientemente que las dos primeras. El inventor no es otra cosa que su ciego ayudante.

La historia natural de la técnica se asemeja a una gigantesca jungla, apenas explorada. Sigfried Giedion no tiene la pretensión de realizar un dimensionamiento de conjunto en ella o cartografiarla; lo único que hace es trazar algunas veredas a modo de ejemplo en el terreno desconocido. Una y otra vez señala que de lo que se trata es de escribir una «historia anónima» cuyos protagonistas pueden ser establecidos sólo excepcionalmente. El inventor como héroe desaparece entre una cantidad inabarcable de artesanos, innovadores, oscuros hombres de negocios e ingenieros. Precisamente en el detalle insignificante que se pasa por alto se demuestra lo que vale un historiador y lo profundo de su mirada diagnóstica. «También en una cucharilla de café se refleja el sol», dice Giedion en una máxima que merece ser célebre.

También la cerradura tiene su historia, también la carne, el helado y el pan; el autor la sigue desde el gótico hasta la actualidad. No tiene por tanto en modo alguno una fijación con el proceso industrial en un sentido estricto, y no se ocupa sólo de desarrollos modernos como el del coche-cama o de la inseminación artificial. Esa amplitud de miras histórica proporciona un peculiar atractivo a las secciones longitudinales que ejecuta en la historia de los métodos para segar, de la confección de utensilios para sentarse, para bañarse o para hacer pan. A veces uno puede tener la impresión de que Giedion se pierde en la sobreabundancia de lo extravagante. En medio de un tratado sobre los muebles patentados del siglo XIX, se encuentra una rapsodia de la hamaca, y al principio no está claro en absoluto el significado del himno a ese mueble indio. Pero pronto salta a la vista que Giedion está destacando la ligereza, movilidad y elegancia de la hamaca con objeto de polemizar contra los muebles pesados y monstruosos del «gusto dominante» y de servirse de las habilidades de sus anónimos inventores contra el dominio de los tapiceros. Él ve aquí en función de una manera de pensar específicamente americana. Para hacer plausible esta idea, confronta la hamaca con los móviles de Alexander Calder. Contraposiciones tan audaces y tan por encima de los límites de separación de las disciplinas se encuentran a cada paso en su libro. Un esbozo de Paul Klee está al lado de un fotomontaje de Frank Gilbreth –especialista americano en racionalización– que permite el acceso mediante el análisis a un movimiento de complicada trayectoria, y la silla patentada de un inventor francés regresa en un collage de Max Ernst.

Ya cuando uno empieza a hojear el tomo, de más de un kilo de peso, resulta evidente que aquí está en acción una inteligencia visual inusual; Giedion ha desarrollado un tipo de libro ilustrado tan instructivo como divertido. Podría imaginarme a un lector que se contentara estudiando las más de quinientas imágenes: los pies de las imágenes están redactados tan soberana y exactamente que satisfarían por completo sus expectativas. En este sentido lleva toda la razón Stanislaus von Moos cuando en su epílogo a *El dominio de la mecanización* lo denomina un «*roman illustré* de la cultura industrial».

Sigfried Giedion nos dispensa del vuelo de altura de la historia del arte, de la estrechez de horizontes de la tecnología y del lamento de la crítica cultural. Lo que hace es allegar una inmensa cantidad de material. Su respeto por los hechos lo sitúa en la proximidad del positivismo. Si, no obstante, no cae en la materialitis, en el mero celo recolector, ello se debe a que no confunde la objetividad con la renuncia al propio pensar. Su positivismo es fantástico, errático e interesado; persigue siempre una intención práctica.

En ocasiones se ha reprochado a su obra que presente huecos. En efecto, Giedion ha dejado sencillamente en blanco amplias áreas de su tema. Falta la industrialización de la conciencia: ésta es la carencia más llamativa de su libro. Ni la técnica de impresión ni el cine, ni el teléfono ni la calculadora aparecen aquí. Tampoco se hace mención de la mecanización del armamento, de la medicina o del tráfico. A pesar de ello, estas objeciones no tocan el método de Giedion, que, más que pretender la exhaustividad, procede mediante ejemplos.

Queda la pregunta por el «punto de vista» de este autor, una pregunta que en Alemania sigue siendo inevitable y que al final acaba en la exigencia, un tanto excesiva, de que todo aquel que se manifiesta públicamente debe mostrar la amabilidad de clavarse a la cruz de alguna ideología.

Con Giedion las cosas serán difíciles al respecto. Es cierto que en los años veinte y treinta se comprometió con una extraordinaria energía en el «proyecto de la modernidad», sobre todo en los ámbitos del arte y la arquitectura. Fue durante decenios secretario general del CIAM, un influyente grupo de arquitectos cuyos principales miembros se llamaban Gropius, Le Corbusier y Alvar Ato. A partir de ahí se explica su rechazo apasionado del ornamento, que comparte con Loos y los funcionalistas. También en el *Dominio de la me-*

canización desempeña un importante papel esta *bête noire* de la modernidad; allí emerge en el epígrafe «gusto dominante». Como dice el propio autor en una inspirada observación, se refiere con ello a «aquellos fenómenos transitorios que absorben los sentimientos de las masas, como las imitaciones que acogen el semen del toro en la inseminación artificial».

Giedion por consiguiente defendió las tesis de la modernidad, pero con ello no puso su firma bajo ninguna doctrina. La infravaloración de la historia, la confianza ciega en el progreso, el culto estúpido de la máquina y el optimismo estéril –actitudes que han adulterado desde el principio el valor del Nuevo Estilo de Construir y que en sus epígonos se volvieron ideas fijas– le eran totalmente ajenos. En su prólogo de 1948 se lee: «Las épocas futuras no entenderán esos actos de destrucción, ese asesinato de la historia.» La frase se refiere a la pérdida de memoria de la industria americana, pero podría haber sido escrita también sobre el «gusto dominante» en la reconstrucción alemana que siguió a la Segunda Guerra Mundial. Giedion ha comprendido mejor que la mayoría de sus contemporáneos la abismática ambivalencia de la mecanización. No quería embellecer el dilema de la industrialización, sino articularlo con toda la claridad posible.

Otros podrán reprocharle que filosóficamente no haya estado del todo a la altura de sus propias concepciones. Admitamos que, cuando pide que se supere de una vez el «hiato entre pensar y sentir», el llamamiento produce una impresión de ingenuidad y desvalimiento, y que cuando sostiene que la mecanización es «neutral. Todo depende de la forma como sea utilizada», se queda por detrás de sus propias intuiciones.

Las sobrias premoniciones de este escrito tienen un máximo alcance allí donde el autor es específico, allí donde investiga históricamente la contradicción entre mecanización y sustancia viva. Para lo cual elige una aproximación relativamente anodina, en concreto con los intentos de fabricación industrial de pan. En la primera mitad del siglo XIX se descubrió que la harina y la pasta son materias altamente sensibles que oponen una singular resistencia a la explotación industrial. Con toda minuciosidad describe Giedion las obstinadas tentativas de quebrar esa resistencia. Ese combate por el pan ha tenido una larga duración. En América, como se sabe, vencieron los técnicos; en Europa no se ha conseguido hasta hoy la supresión íntegra del pan.

Giedion da un paso adelante en su intento de esclarecer la historia de la «gestión empresarial científica». Los pioneros de los análisis de tiempos y movimientos, desde Taylor hasta el sistema MTM, han investigado hasta qué punto puede el cuerpo humano «ser transformado en un mecanismo». Giedion no retrocede en perseguir hasta el matadero la racionalidad aquí operante. También en las fases de sujeción de las reses, de suspensión, sacrificio, eliminación del pelo y desollado tenían que luchar los ingenieros contra la resistencia del «material orgánico». Por esa razón no existen hasta hoy instalaciones técnicas totalmente automatizadas en los mataderos. Con todo, la técnica de matar ha hecho enormes progresos; se ha «mostrado sólo a gran escala en la Segunda Guerra Mundial, cuando capas enteras de la población, previamente reducidas a la indefensión como las reses a sacrificar que cuelgan cabeza abajo en la cinta continua, fueron exterminadas con una naturalidad resultado del entrenamiento». Con esta forma de mirar las cosas, que apunta al núcleo estructural de nuestra civilización, Giedion deja muy por detrás los debates alemanes sobre la superación del pasado, frecuentes en los años cincuenta.

Su conclusión, tan correcta como desesperanzada, suena así: «La mecanización debe detenerse ante la sustancia viva... Esto es exigencia de una actitud que se aparta radicalmente de la idolatría de la producción.» Con esta frase, escrita hace cuarenta años, el historiador de la civilización industrial ha alcanzado un postulado central de todos los movimientos ecologistas.

Parece que todavía es válida la predicción de que tendrán que pasar decenios hasta que se entiendan de una vez determinadas cosas en el funcionamiento de las ciencias sociales. Entretanto el historiador mismo se ha vuelto histórico. Sigfried Giedion, que murió en 1968, es, como Norbert Elias y Walter Benjamin, un antropólogo que nos enseña a leer en las entrañas de nuestra civilización. De una teoría completa no dispone. Está lejos de «deducir» el futuro a partir del pasado. La interpretación alegórica no es cosa suya. Precisamente la abertura y la movilidad de un pensamiento en que no se liquida lo imprevisible, constituyen la actualidad y la utilidad de sus enseñanzas.

Traducción de Ángel Repáraz

MODELO BERLINÉS 1967

(Clasificación decimal 621.382)

Nuestro nuevo desarrollo es un sistema de elementos de construcción con reducida posibilidad de fallo.

Todos los circuitos de conexión están integrados.

Un nuevo proceso de Batch permite la impresión de todas las resistencias en un substrato aislante, correspondientemente con costes mínimos.

Estudios detallados dieron por resultado que el circuito impreso doblemente camuflado presenta la solución más favorable.

Multicapas de soporte pueden reunirse con niveles comprimidos en un zócalo de conexión con un cableado común.

Errores de encaje se corrigen automáticamente.

Preferimos fundamentalmente conexiones monolíticas.

Por suerte con esta técnica no se necesita tener consideración ni con las tolerancias ni con los elementos parasitarios. Además pueden producirse muy rentablemente familias de círculos de conexión en lógica de transistor-en-transistor.

La conexion básica es un Master-slave-flipflop. Consiste en dos conexiones de doble estabilidad, el Master y el Slave. Las entradas tanto en el Master como en el Slave se liberan o se bloquean desde la frecuencia táctica.

Los umbrales de excitación del filtro de entrada en el Master/Slave-flipflop se eligen por supuesto diferentes.

Todas las operaciones están causadas por una instalación

central de control, que contiene la memoria de órdenes, la de valores límite y toda la lógica.

La instalación dispone además de una impresora de grados de perturbación.

Por motivos de seguridad es mejor transferir las órdenes de regulación continua a otro canal separado.

Para la opresión de los perturbadores interiores y exteriores son indispensables medidas especiales en todas las familias del círculo de conexión.

Perturbadores propios del sistema surgen a través de los cambios de estado de los elementos de construcción que no están lógicamente conectados con las nuevas entradas. Para reducir los acoplamientos hay que tomar en tales casos medidas más rigurosas.

En el mundo exterior surgen tensiones perturbadoras ajenas al sistema y pueden tomar los más diferentes tamaños y frecuencias. Las medidas en contra son en lo esencial filtros de entrada así como conductos flexibles y blindados.

Resumiendo se puede decir que la seguridad de perturbaciones de la serie constructora contra perturbaciones interiores es mejor que la de los precedentes y que los perturbadores exteriores pueden ser dominados con relativa seguridad.

Nuestro nuevo desarrollo está totalmente logrado y seguro de su futuro.

Para los próximos años se espera una amplia movilización.

Traducción de José Luis Reina Palazón

UNA LIEBRE EN EL CENTRO DE CÁLCULO

La máquina más rápida,
arquitectura paralela,
poco menos de mil megaflops,
no puede seguir
su pequeño cerebro.

El labio superior palpitante,
estremeciéndose en la luz de neón,
los grandes ojos clavados
en la pantalla,
tamborilea de pánico
en el linóleo gris.

Entonces, son las tres de la noche,
el último físico de plasma
se ha ido a casa,
salta de pronto
y cruza en zigzag
entre monitores
e impresoras tartamudeantes
por la sala abandonada.

¡Suave cobarde
cincuenta millones de años
más vieja que nosotros!
Escapada a la sed de sangre
de los cazadores,

al martillo perforador, al gas,
al virus, sacude
impasible sus patas.

Desde el eoceno
pasa brincando
ante nuevas narices hacia un futuro
rico en enemigos,
pero nutritivo y fecundo
como el diente de león.

Traducción de José Luis Reina Palazón

EL EVANGELIO DIGITAL

Profetas, beneficiarios y despreciadores

1. LAS CABRIOLAS DE LA TEORÍA

Pasó mucho tiempo hasta que la humanidad empezó a devanarse los sesos sobre los medios de que fue dotada. Primero el lenguaje y después la gramática, la retórica, la filosofía del lenguaje; primero la escritura y después la reflexión sobre la escrituralidad; primero la moneda y después la numismática. La teoría va cojeando por detrás de su objeto. Las cosas han sido así a lo largo de algunos milenios.

También sobre los nuevos medios se reflexionó inicialmente con el debido retraso; éstos se desarrollaron por así decir de forma natural, a espaldas de la sociedad. No ha habido filósofos que acompañaran a los innovadores y los bricoladores, a los matemáticos alejados de la realidad, a los modestos ingenieros y a los genios desconocidos que los pusieron en camino. Las implicaciones del invento que hizo Gutenberg han sido analizadas con detalle sólo en el siglo XX, en el crepúsculo del arte de la imprenta. Cuando surgió el telégrafo fueron los militares y los especuladores quienes comprendieron su importancia, y no el mundo universitario. Igualmente inadvertido fue el nacimiento de la fotografía y el cine. Daguerre y Talbot, los hermanos Lumière, Étienne Marey y Georges Méliès llevaron a cabo su obra en talleres y laboratorios que habían dispuesto ellos mismos, en graneros y en ferias, no en instalaciones universitarias. Mucho antes de que Kracauer escribiera sus obras sobre teoría cinematográfica ya había impulsado el Estado Mayor alemán la creación de la

UFA porque vio las posibilidades que abría a la propaganda ese medio. El perspicaz texto de Brecht sobre *La radio como aparato de comunicación* apareció en 1932, en un momento en que los berridos de Hitler se oían ya en toda Europa. Las facultades universitarias reaccionaron ante estos trabajos, al igual que ante la obra de Walter Benjamin, con un silencio pertinaz. Todavía en los años cincuenta el interés de las facultades se limitaba a un apéndice de la germanística, la llamada ciencia o teoría periodística, ocupada con un medio de más de trescientos años. Y cuando por fin *anno* 1962 Marshall McLuhan alborotó la escena con su teoría de la televisión, la caja tonta estaba ya en una sala de estar de cada dos.

Lo que por supuesto no ha faltado nunca son admonitores y exhortadores. La crítica cultural es más vieja que su nombre, pueden seguirse sus huellas hasta la Antigüedad clásica. La alegoría platónica de la caverna es su modelo inalcanzado. A cada medio le persigue como una sombra la sospecha de la pérdida de sentido y de la inautenticidad. Es difícil pasar por alto el interés político que motiva al dedo índice elevado. La alfabetización amenazaba el privilegio informativo de los estudiosos e instruidos, y a los ojos de las autoridades cada nuevo medio ponía en peligro la moral de los súbditos. Las advertencias sobre los riesgos de la lectura de novelas utilizaban ya en el siglo XVIII los mismos argumentos que se aducen hoy contra la televisión. Fuerza conclusiva no ha ganado esa crítica desde entonces. El gesto con que sostiene en lo alto cualquier «valor» recuerda al del policía de tráfico alemán que eleva la señal roja al infractor. Que de ese modo el tráfico en los medios pueda ser detenido es improbable, aunque sólo sea porque la crítica no muestra un interés digno de mención por los hechos. El que, por ejemplo, afirma que nos divertimos como locos está haciendo completa abstracción del terror de la propaganda comercial y de la obsesión de repetición de los programas, que realmente no prometen en absoluto diversión, sino aburrimiento altamente concentrado; tampoco parece darse cuenta de que el riesgo de perder la razón ante el televisor es escaso si se compara con el que han corrido las víctimas de los Kaláshnikov, los automóviles y las demás armas. Se trata en estos casos de formas de crítica de los medios de comunicación más pertenecientes a la esfera de la literatura trivial que a la ciencia.

Pero, en lo que respecta a la teoría, en los últimos decenios ha tomado carrera para dar un gran salto adelante. Desde que ha corrido la voz de que la industria de la conciencia se ha convertido en el sector clave de este siglo XX que se acaba, la ciencia de la comunicación y de sus medios es considerada un área académica y publicística en expansión. (Cómo hay que delimitar ésta es algo tan poco claro como su misma definición conceptual. Lo de «industria cultural» suena ya entretanto como pasado de moda. También puede ponerse el acento en la dimensión técnica y hablar de medios electrónicos. Quien, como Peter Glotz, no ha olvidado la economía política, preferirá la expresión «capitalismo digital». Es probable que los cambios que hacen época vivan siempre su bautizo definitivo sólo *post festum*.)

La carrera por recuperar el terreno perdido en la teoría ha conducido a notables resultados. Fases de la historia de los medios de comunicación que habían quedado muy atrás han empezado a ser examinadas analíticamente y entendidas en sus implicaciones en tiempos muy recientes. En Alemania, los trabajos de Friedrich Kittler y Jochen Hörisch, sobre todo, han mostrado todo lo que pueden aportar tales investigaciones. Que a la nueva disciplina se haya adherido una bastante abigarrada multitud de adeptos, no debería sorprender. Germanistas decepcionados, sociólogos a la desbandada, periodistas ambiciosos, filósofos más o menos serios, aquí y allá incluso algún que otro científico natural: todos intentan establecer contacto con las técnicas que durante largo tiempo han ido por delante de ellos. La aceleración de los medios de comunicación ha alcanzado mientras tanto también a sus teóricos. El celo que manifiestan los induce con suficiente frecuencia a saltos en su manera de actuar, exactamente como si tuvieran que reparar algún error penoso. No les es suficiente alcanzar a la práctica; lo que más les gustaría es anticiparse a ella. Por eso su reflexión tiende al pronóstico. Que la vida casi siempre castiga asimismo a quien llega demasiado pronto es algo de lo que la mayor parte de los futurólogos podrían hablar mucho si no prefirieran callar sobre las ocasiones en que han hecho el ridículo.

No sorprende que los profetas de los medios se presenten en doble formación. Ambas fracciones siguen un conocido patrón de la historia de las religiones: por un lado encontramos a los apocalípticos, por el otro a los evangelistas. En más de un sentido, desde luego, el progreso técnico ha sido el sucesor de las religiones reveladas. Desde la Ilustración los augures ya no leen la salvación y la condena, la bendición y la maldición en las Sagradas Escrituras, sino en las vísceras de la civilización técnica. A ambos tipos de enunciación es común un subtono extrañamente satisfecho, por no decir triunfante.

Los evangelistas digitales ya no se conforman con la antigua buena nueva de la perfectibilidad del ser humano. Sólo los más ingenuos de entre ellos ven en la aldea global la solución de nuestros problemas. Incorporación a las redes y comunicación de alcance mundial, democracia electrónica directa, acceso igualitario a cualquier tipo de información, abolición de las jerarquías, explotación duradera de recursos, en pocas palabras, homeostasis y armonía: éstas son algunas de sus promesas. En su incapacidad para recordar recuerdan a la euforia nuclear de la posguerra, que veía la solución de todos los problemas energéticos en el llamado aprovechamiento pacífico de la fisión nuclear. Como entonces, también hoy este tipo de expertos disfruta de la benevolencia de consorcios financieramente potentes, y los resultados de sus investigaciones apenas se distinguen de los mensajes de una agencia de relaciones públicas.

Pero los más recientes evangelistas no se quedan en estas visiones filantrópicas. Su perspicacia va más allá del horizonte de la especie. Ante las imperfecciones del ser humano pierden la paciencia. Después de todo la expectativa de vida de un destornillador usual sobrepasa ya la nuestra, y una calculadora de tamaño suficiente almacena una cantidad inimaginable de datos de una forma más rápida y segura que nuestra frágil memoria. De ahí que los *freaks* de entre los evangelistas esperen con ansiedad los próximos pasos de la evolución. Antes que nada se trata de la emancipación del hombre de su experiencia inmediata, orgánicamente condicionada. El lugar del ensuciado «mundo de la vida» debe ser ocupado por el ciberespacio, higiénicamente irreprochable; he aquí el primer escalón en la liberación del propio cuerpo. Oswald Wiener hizo, ya en 1969, un llamamiento a *la mejora de Europa central*, una obra a la que los profetas que han venido después poco tienen que añadir. El *cyborg*, una quimera compuesta de ser humano y de máquina, es el siguiente paso lógico de la autoabolición del género. Al final, la estirpe caduca habrá de ser sustituida por autómatas evolucionados que no estén afectados por la mancha de la mortalidad. Estas máquinas pondrán también término al caos de la sexualidad, ya que están en condiciones de reproducirse de una forma inmejorable sin gametos. Los pioneros más militantes de la Inteligencia Artificial ya proclamaron hace decenios esta meta altruista. Los fondos dedicados a investigación que se despilfarran, la tenacidad con que vuelve el problema *mind-body*, las muchas bancarrotas que han sufrido sus promesas: nada de eso puede perturbar la satisfacción de los autores del proyecto. Los profetas son inmunes a los hechos. Esto es parte de su encanto.

La fracción apocalíptica, por el contrario, no es en lo más mínimo sospechosa de simpatías por la gran industria. Es independiente de subvenciones, renuncia a las ayudas públicas y proclama sus noticias calamitosas por su cuenta y riesgo. Nos asegura que, sin que nos hayamos dado cuenta de ello, el final ya se ha presentado. El filósofo de los medios de comunicación Paul Virilio nos participa que hace largo tiempo que nos hemos convertido en mutantes y que nos encontramos en estado de «furioso período de inactividad». El espacio y el tiempo se nos han extraviado. Sus tesis son superadas por las de Baudrillard, según las cuales aquello que consideramos real ha desaparecido en realidad hace mucho tiempo. Nuestros medios de comunicación han suprimido ya cualquier posibilidad de distinguir entre apariencia y realidad. El mundo es tan sólo una simulación. Con ello se ha resuelto la cuestión del sentido. También las afirmaciones de los apocalípticos se caracterizan por un tono triunfal. Poseen el encanto de lo definitivo. A su radicalismo es inherente la autosatisfacción de quien está por encima de todas las ilusiones y ha comprendido las razones de la ceguera general. También en estos casos resulta ventajoso que la filosofía de los medios de comunicación no necesite ya tomar en cuenta los hechos cuando se eleva a tales alturas.

No es mi intención competir con profetas. No tengo vuelos filosóficos de altura para ofrecer; me conformo con algunas reflexiones dispersas. Y me abandono a la esperanza de que no hay motivos para que el *common sense* y la teoría anden como el perro y el gato. Quizá hasta en ocasiones puedan socorrerse entre sí.

2. EL VALOR DE USO COMO GUARDAFRENOS

Habitualmente los medios técnicos se adelantan no sólo a la teoría, también a la práctica. Una de las causas de que entre los inventores que jalonan su historia haya tantos que, perseguidos por sus acreedores, han muerto en el asilo de pobres, se encuentra en la ignorancia en que se hallaban del valor de uso de sus obras, por el que, incluso, no tenían un interés especial. Gutenberg no proyectaba en modo alguno los envíos postales colectivos ni la prensa sensacionalista cuando creó los tipos móviles; sólo quería imprimir una Biblia hermosa. Parece que Bell en principio pensó en personas con perturbaciones auditivas cuando se le ocurrió la idea de la telefonía, y Étienne Marey desarrolló su cámara para investigar procesos de movimiento en animales; Hollywood le era muy lejano.

Los medios de comunicación nuevos están siempre a la búsqueda de necesidades desconocidas. En sus pioneros llama la atención una curiosa autonomía. Cuando los bricoladores, los ingenieros y los programadores idean algo, están interesados exclusivamente en las propiedades de sus juguetes. El posible usuario es para ellos tan sólo un ignorante perturbador. Al igual que los médicos, los francmasones de la técnica elaboran un lenguaje secreto, una jerga que asegure su saber de dominación. Esto ya era así con los impresores de libros, que conocían auténticos ritos de iniciación. Igual de orgullosos de la ininteligibilidad de las descripciones de sus productos estaban los especialistas de alta fidelidad, y los responsables del desarrollo de ordenadores y los ingenieros de software han llevado al extremo ese tipo de autorreferencia.

Mientras los medios de antes resultaban todavía más o menos dominables –quien conozca el alfabeto puede manejar sin más cualquier libro–, el grado de abstracción de las invenciones recientes ha crecido a un punto tal que su aplicación ya no puede llevarse a cabo por mediación de los sentidos. Los sistemas de funcionamiento de los ordenadores de hoy son inaccesibles al usuario normal, e incluso al técnico le faltan los necesarios conocimientos matemáticos para comprender lo que hace. Dependerá de todos sus trucos pragmáticos y, en el mejor de los casos, podrá cambiar un módulo u otro.

Pero no sólo los circuitos que están en la base de todo le son indiferentes al usuario; éste se ve enfrentado a una complejidad que no toma en cuenta en absoluto aquello que necesita, y con capacidades que puede utilizar tan sólo en una mínima parte. En lo relativo a su comprensibilidad, los manuales que le suministran podrían haber sido redactados también por marcianos.

La búsqueda de finalidades para los medios técnicos disponibles, y exponencialmente crecientes, adopta a veces formas grotescas. La carta electrónica ha de sustituir al camarero, el frigorífico multimedia debe realizar la compra de forma automática, la casa pretendidamente inteligente controlar el nivel de ondas sonoras, y así sucesivamente.

Una industria que se somete a las fantasías de sus ingenieros obedece por una parte a la ley de la aceleración vertiginosa; por otra, tendrá que contar con los más extraños bloqueos. Indicios de esta inercia estructural pueden observarse en cualquier sala de estar. Nuestras casas se llenan con una cantidad en aumento de cajas metálicas. Quien quiera oír música tiene que instalar una torre compuesta de receptor, amplificador, altavoces, lector de CD y cassettes de distinto formato. También la televisión tiene constantemente crías; necesita videocassettes, descodificadores y receptores vía satélite diversos. Los teléfonos, los contestadores automáticos y los aparatos de fax llenan el escritorio, y el ordenador requiere una familia adicional de impresoras, módems, dispositivos de conexión a red, escáners y lectores de discos compactos, cada uno de los cuales exige el estudio de unas instrucciones de uso de cien páginas. El estado del llamado sector de los multimedia puede inferirse de la confusión de cables con que tropieza la señora de la limpieza. De una posible y gradual reducción técnica de los medios electrónicos en realidad no puede hablarse.

Si los fabricantes de automóviles se hubieran atrevido a exigir de sus clientes un cursillo intensivo sobre el galimatías tecnológico antes de permitirles que se sentaran al volante, nunca se hubiese producido el permanente atasco de nuestras carreteras. Los medios digitales excluyen de su empleo a dos tercios de la población por la hostilidad que dedican a los usuarios. Es inútil preguntarse por el sentido económico de ese sabotaje.

Objeciones de ese tipo no pueden poner en cuestión el potencial de futuro de los medios. Sólo muestran que el proceso de su apropiación es prolongado y lleno de obstáculos. Como en fases anteriores de la historia de los medios, pasará mucho tiempo hasta que resulte clara la utilidad o no utilidad de lo nuevo. Los doceañeros representan, a este respecto, una esperanza, pues muchos de ellos desprecian la jerigonza de la industria y, sin dedicar ni una sola mirada a los manuales inservibles, se dedican por propia iniciativa a experimentar y ver para qué sirve después de todo la flamante chatarra que se les ofrece.

3. LA CIUDAD RETICULAR

«Por eso fundemos una ciudad / y llamémosla Mahagonny, / esto es, ¡ciudad reticular! / Debe ser como la red / que se tiende para los pájaros comestibles. / Por todas partes hay fatiga y trabajo / pero aquí se divierte uno. / Pues es la voluptuosidad de los hombres / no padecer y poder hacerlo todo./ Ése es el núcleo del oro.»

La ambivalente promesa de Brecht de 1929 ha cobrado entretanto una importancia de la que el autor nada podía adivinar. Como ocurrió con la telegrafía, también en el caso de Internet han sido los militares y los servicios secretos los primeros en ver la utilidad que podía darse al invento de algunos innovadores. Luego vinieron los científicos del CERN de Ginebra y crearon, al principio para sus propias necesidades, la World Wide Web. Desde entonces la red se ha desarrollado explosivamente. También aquí los teóricos anduvieron pisando los talones a la práctica, y no han faltado intentos de sobrepasarla. Pero el auténtico evangelista de la red es el capital. Nunca antes se había invertido en un medio tanto dinero y con tanta rapidez. Empresas de la tecnología de la red que año tras año registraban pérdidas gigantescas, alcanzaron cotizaciones astronómicas en la Bolsa. Su valor de mercado sobrepasó el de muchos consorcios industriales multinacionales. Internet es considerada La Meca de los inversores.

Ahora bien, la fantasía no sólo ha sido espoleada por beneficios futuros de ensueño. También sobre las repercusiones sociales de los nuevos medios se ha escrito mucho. En un texto de 1970 que entonces se citaba mucho y que hoy llama la atención sobre todo por su tono cortante, se lee: «En su actual configuración, aparatos como la televisión o la película no sirven... para la comunicación, sino para impedirla. No permiten la interrelación entre emisor y receptor. Pero este estado de cosas no puede explicarse técnicamente. Al contrario: la técnica electrónica no conoce una oposición de principio entre emisor y receptor... El espectro orwelliano de una monolítica industria de la conciencia testimonia una forma adialéctica y obsoleta de entender los medios. La posibilidad de un control total de tales sistemas mediante una instancia central no pertenece al futuro, sino al pasado... La cuarentena sobre la información tal y como fue impuesta por el fascismo y el stalinismo es hoy en día sólo posible al precio de una regresión industrial consciente.» Y finalmente: «Los nuevos medios de comunicación son igualitarios por su estructura. Con una sencilla conexión cualquiera puede participar en ellos; los programas mismos son inmateriales y reproducibles a voluntad.»

Dicho, entiéndase bien, en un momento en que no existía Internet. Pero el intento del autor de sobrepasar la práctica de los medios lo llevó a expectativas de todo tipo, que hoy nos parecen ingenuas. A la red imaginaria del futuro se asociaron posibilidades utópicas –todo lo contrario que a los medios antiguos–; su potencia emancipatoria estaba fuera de duda para el escritor. De modo perfectamente congruente con la teoría marxista, tenía una confianza ilimitada en el célebre «despliegue de las fuerzas productivas», una variante materialista de la tríada cristiana de fe, esperanza y caridad. Sobre tales promesas hoy sólo jurarían los evangelistas del capitalismo digital. Quizá treinta años más tarde se recomiende una cierta sobriedad.

En todo caso, estos pronósticos eran certeros en la distinción entre medios de mando central y los concebidos como descentralizados. Sólo hace falta considerar los casos extremos para comprender la significación política de esa distinción. Por una parte el edicto, el mensaje imperial, que presupone un desnivel entre orden y obediencia; por otra parte el «discurso sin dominación» de participantes con iguales derechos. En este sentido es la red efectivamente una invención utópica: ha abolido la diferencia entre emisor y receptor. Una instancia central en condiciones de controlarla ya no existe.

Los medios carentes de centro, sin embargo, no son una novedad histórica, y la separación entre comunicación unilateral y recíproca es relativa. Sin *feedback* tampoco puede pasarse un jefe. Un buen ejemplo de esta falta de nitidez lo ofrece ya un medio muy temprano, el dinero. Como lo prueban el escudo y la efigie del señor, la moneda está inicialmente sometida por completo al arbitrio de la instancia central que la acuña. Pero luego circula más allá de cualquier control entre quienes intervienen en el mercado. También el correo sirvió al principio exclusivamente a la comunicación entre los señores privilegiados, hasta que se impuso su empleo público tras un largo período de oscilaciones. Un servicio postal accesible a la generalidad del público existe en Europa desde hace cuatro siglos, y hace más de cien años experimentó su globalización con la fundación en 1874 de la Unión Postal Universal. Como muy tarde, con el tendido de los primeros cables submarinos para la telefonía se había instalado ya la primera red de amplitud mundial. Todos estos desarrollos representaban una amenaza para el monopolio informativo de los gobiernos y provocaron duros enfrentamientos en torno al control de los medios. La censura postal es el clásico ejemplo de ello. Más tarde se pudieron incorporar a los nudos centrales de la telecomunicación las autoridades, pero también otros beneficiarios. Técnicas de codificado de todo tipo fueron la respuesta a tales ataques por la vía de la escucha. Los banqueros y los Estados Mayores recurrieron a los mensajes cifrados, la otra parte intentaba descifrarlos. Hoy los piratas informáticos, las empresas de software y los servicios secretos rivalizan por el dominio de los bancos de datos aplicando avanzados métodos de la teoría numérica.

Lo que al final hizo imposible el control fueron no tanto las técnicas de cifrado, cada vez más perfeccionadas, como el mero volumen del tráfico. No hay filtro que pueda impedir que las instancias censoras se colapsen ante el *overkill* informativo. No se enteran de demasiado poco, sino de demasiado.

Cualquier escucha imaginable quedará asfixiado por una de las principales cualidades de los flujos de datos: su aplastante banalidad. El 99,999 % de todos los mensajes son a lo sumo de interés para sus emisores, e incluso esto es ya exagerado. También en esto resulta engañosa la profecía de la potencia emancipatoria de los nuevos medios. No a todos se les ocurre algo, no todos tienen algo que decir que pudiera interesar a los otros. La tan cacareada interactividad encuentra aquí su límite.

Esto se vio ya pronto en el ejemplo de los aficionados a las ondas cortas, que fueron pioneros de la radiocomunicación. Se dedicaban a intercambiar sus posiciones y a hablar de las cualidades técnicas de sus aparatos. Aparte de esto apenas tenían algo que participarse, de modo parecido a los innumerables autores de graffitis, habitualmente limitados a informar de que «Kilroy was here» o «Yo soy yo». Tampoco los canales de televisión abiertos con que se experimentó en los años setenta mostraron mucho más que asociacionismo barato o exhibicionismo desvalido: un desarrollo que fue coronado con el programa de intimidades y el *chatroom*.

Mientras el idealismo electrónico de los pioneros de la *web* estaba proyectando un medio para el discurso de la no dominación y sin costes, la indiferencia cuasidivina del capital vio pronto las oportunidades de explotación que la red le ofrecía por ambos lados. Por una parte se trataba del control económico del tráfico de datos, por la otra de la comercialización de los contenidos. Desde entonces ha crecido incesantemente el ensuciamiento de la red por la publicidad.

También vistas las cosas desde el usuario, muestra la globalización algo del reverso de la moneda. Es cierto que en miles de portales triunfan la extravagancia solitaria y la disidencia. No hay nicho, ni micromedio, ni minoría que no haya encontrado su hogar en la red. La publicación, un privilegio de pocos en tiempos de Gutenberg, se ha convertido en un derecho humano electrónico de acuerdo con el lema *«Samizdat* para todos». Esto explica el miedo del poder a la red en sociedades dictatorialmente constituidas como Irán o China.

Pero al mismo tiempo Internet es el Eldorado de los fuera de la ley, intrigantes, estafadores, terroristas, delincuentes sexuales, neonazis y locos. Aquí encuentran unas gratas condiciones de vida todas las sectas y todos los cultos. Por fin puede establecerse conexión entre los salvadores del mundo y los satanistas. No es sorprendente que en estos grupos, distribuidos por todo el globo, anide la paranoia y que entre sus múltiples direcciones florezcan y prosperen las teorías conspirativas. Puesto que no existe un centro, cualquiera se puede imaginar que, como la araña en su red, se encuentra en el punto central del mundo. En una palabra, el medio interactivo no es una bendición ni una maldición, simple y sencillamente reproduce el estado moral de quienes participan en él.

4. CÁLCULO DE PÉRDIDAS Y GANANCIAS

La cuestión de cómo deben valorarse las promesas que ha despertado el capitalismo digital es bastante delicada, y quien la aborde arriesgará en cualquier caso el ridículo, con indiferencia de cuál sea su respuesta.

La inseguridad empieza ya cuando se trata de hacer cálculos puramente económicos. En los Estados Unidos se desarrolla desde hace algún tiempo un vivo debate sobre si las profundas transformaciones de la tecnología de la información han llevado realmente al aumento en productividad con que están tan entusiasmados sus profetas. Es claro que algunos de los sectores inmediatamente afectados han podido registrar gigantescas tasas de crecimiento. Menos inequívocos son los resultados para la economía norteamericana en conjunto. A enormes inversiones en absoluto corresponden siempre aumentos en eficiencia y beneficios proporcionados. En muchos casos se trata de una letra de cambio que se gira contra el futuro. La cuestión apenas puede ser decidida sin cálculos de tal complejidad y ambigüedad que tanto daría leerla en los posos del café.

La experiencia diaria justifica en todo caso un cierto escepticismo. Todo el mundo conoce el cuento de la oficina sin papeles, y todo el mundo sabe que, muy al contrario, las nuevas técnicas han conducido a un derroche sin precedentes de ese valioso material. Simples operaciones contables que se desarrollan con el apoyo de ordenadores suelen tener retrasos de semanas, y tan pronto como se pone en huelga el ordenador central de bancos, agencias de viajes o aseguradoras, el personal queda desamparado ante la pantalla negra. El que intente llamar a una de las llamadas *hotlines* debe prepararse para penetrantes voces de ordenador y largos turnos de espera, y además es torturado con pestilente basura musical. En lo tocante a la vulnerabilidad de la técnica digital, el Efecto 2000 ofreció un notable ejemplo. Han costado miles de millones los efectos de la torpeza de programadores que no estaban en condiciones de pensar con algunos decenios de adelanto.

También han aparecido dudas sobre la abolición de las jerarquías. Que a este respecto la cosa no haya pasado casi nunca de meras declaraciones bienintencionadas, por supuesto no hay que imputarlo a la técnica, sino más bien a la inercia de los gerifaltes, que sólo hacen valer puntos de vista económicos cuando se trata de liquidar a otros.

Asimismo, la potencia intelectual de los medios digitales permite tan sólo muy provisionales estimaciones, y también aquí el dictamen ha de ser ambiguo. A cada exquisitez que tienen que ofrecer corresponde una pérdida fatal. La cosa comienza ya con las autodescripciones al uso. «La comunicación lo es todo», se dice, y por todas partes tropieza uno con fórmulas como «sociedad del saber» o «sociedad de la información», que con buenas razones dejan abierto a qué se refieren: ¿al conocimiento?, ¿a la publicidad?, ¿a los meros datos?, ¿a blablablá? Todos estos conceptos son débiles de caja torácica. Naturalmente que cabe afirmar que la información puede ser definida, de acuerdo con la teoría de Shannon, como la entropía de una magnitud que se realiza en n sucesos de probabilidades $p_1 \ldots p_n$, pero con lo que buscamos cuando queremos saber algo este método de determinación sabe Dios que no tiene nada que ver.

La confusión de meros datos con información dotada de sentido origina singulares quimeras. Un ejemplo relativamente inocente es el diccionario. Se puede sostener con buenas razones que las enciclopedias son tanto más ricas en contenido e inutilizables cuanto más nuevas son. La causa de esto es que los conocimientos que ofrecen continúan el proceso de escisión en lemas cada vez más breves, hasta que las entradas quedan reducidas a unos pocos bits. El lugar del contexto lo ocupa el *link*, que con clics del ratón invita a una búsqueda infinita de asociaciones. En comparación con esto viejos diccionarios como la *Enciclopaedia Britannica* de 1911 son maravillas de potencia explicativa. Por ejemplo, bajo las entradas *Electricity*, *Song* o *Anarchism* se encuentran allí extensos y concisos ensayos redactados por especialistas de primer rango, que proporcionan toda la información deseada al nivel de los conocimientos de entonces. Frente a esto los nuevos medios sólo pueden ofrecer escombros de datos y fragmentos.

Igualmente problemática es la mera cantidad de material disponible en la red, eso suponiendo que se trate de información utilizable, lo que representa una arriesgada suposición habida cuenta del inimaginablemente gran montón de chatarra electrónica que se produce. Por supuesto que no es nada nuevo la tan lamentada avalancha informativa. La mayor parte de nosotros hace mucho que dispone no de demasiado pocas, sino de demasiadas entradas. Como única defensa posible se presta una ecología del evitar que debiera ser ejercitada ya en la escuela primaria. Lógicamente, también los que se hallan al servicio de la red han visto el problema y desarrollado buscadores cada vez más diferenciados. Entretanto ha aparecido tal cantidad de ellos que se necesitan metabuscadores para dar con el filtro correcto. Nada de esto modifica el hecho de que la evolución nos ha equipado con un aparato difícil de superar: el mejor buscador sigue siendo el cerebro.

Otro punto cardinal es el general e ilimitado acceso a la red, sin duda una de sus mayores ventajas. Pero también ésta ha sido adquirida al precio de graves desventajas. El concepto de original, dañado ya de consideración por medios anteriores, ha sido liquidado definitivamente por Internet. Quién es el autor de un mensaje electrónico o del contenido de una página *web*, es algo difícil de determinar. Pero con el autor desaparece también la autoridad. No es sólo que cualquiera pueda publicar, teóricamente también puede intervenir cualquiera en el texto de otro, copiarlo, completarlo, parafrasearlo, plagiarlo y falsificarlo. Las contraseñas y restricciones de acceso pueden vulnerarse con los mismos métodos sobre los que descansan.

Hay asimismo otra ventaja en la red de ordenadores: su ilimitada capacidad de almacenamiento, que no carece de su lado oscuro. En efecto, el rapidísimo ritmo de innovación tiene por consecuencia la reducción de la vida media de la tecnología de almacenamiento. Los National Archives de Washington ya no están en condiciones de leer registros electrónicos de los años sesenta y setenta. Los aparatos que serían necesarios para ello se han extinguido hace mucho. Los especialistas que podrían convertir los datos a formatos actuales son raros y costosos, de modo que hay que dar por perdida la mayor parte del material. Es evidente que los nuevos medios disponen tan sólo de una memoria reciente técnicamente limitada. Las implicaciones culturales de este hecho no han sido reconocidas todavía. Es probable que todo esto conduzca a que cada vez más podamos retener las cosas durante un tiempo cada vez más breve.

5. UN POCO DE ECONOMÍA POLÍTICA

Como se sabe, la lucha de clases ha conocido tiempos mejores. Hasta donde puede verse, el capitalismo –digital o no– ha vencido. No por ello han quedado en suspenso los viejos conflictos, pero sólo tienen lugar como con un molido muy fino, como si precisamente los que dependen de un salario hubieran hecho propio el mandamiento liberal de la privatización. Se puede hablar de luchas de clases moleculares, que se desarrollan en todos los escenarios accesorios posibles.

A esto se añade otra complicación. Los conflictos económicos por la distribución son recubiertos desde hace algún tiempo por nuevos mecanismos culturales de exclusión. Hasta ahora el capital cultural se distribuía siempre de un modo análogo a la estratificación económica de clases. La burguesía disponía de la alta cultura y del saber educacional que afianzaba su hegemonía, la pequeña burguesía invertía en la formación académica de sus descendientes para mejorar sus perspectivas de ascenso, los obreros especializados adquirían una cualificación que aseguraba sus puestos de trabajo y los obreros no cualificados debían conformarse con el mínimo cultural para su existencia. Esta distribución específica para cada capa social es cosa del pasado. Todos conocen al hombre de negocios analfabeto y al taxista que ha hecho la habilitación universitaria. La formación, o lo que se tiene por tal, no sigue en modo alguno la estructura de ingresos o el estándar de vida. Se podría decir que, transversalmente a las capas económicas, se han formado clases de información cuyas perspectivas de futuro no pueden ser reducidas a un denominador sencillo.

Además, el régimen dominante opera con un catálogo de virtudes completamente nuevo, que deja sin validez todos los códigos éticos anteriores. Se premian cualidades y formas de comportamiento que antes eran consideradas más bien sospechosas. Virtud cardinal se considera la flexibilidad. Al mismo tiempo se requieren capacidad para imponerse, movilidad y disponibilidad para el aprendizaje rápido y de por vida. Quien no esté a la altura de estos requisitos es eliminado.

La relación con el estado actual de las tecnologías mediáticas es palmaria. Hipotéticamente cabe derivar una nueva estructura sociológica a partir de estas sugerencias. Uno vacila en utilizar un término como análisis de clase, puesto que las fracciones que se dibujan son muy poco homogéneas. De conciencia de clase en alguno de los sentidos recibidos, en cualquier caso, ya no se puede hablar. Estamos más bien ante diferenciaciones funcionales. Por esta causa me sirvo de tipificaciones próximas a la fábula. De ello resulta aproximadamente el siguiente cuadro.

El puesto más alto de las sociedades digitales está ocupado por los camaleones. Se asemejan al tipo que hace decenios describió David Riesman como de mando externo, sólo que no se trata de adaptados pasivos, sino de trabajoadictos extraordinariamente dinámicos. Una condición esencial de su triunfo es que no tengan nada que ver con la producción material. Son agentes, corredores de comercio o de Bolsa, mediadores, abogados, consultores, gente de los medios, animadores, directivos de la ciencia, del dinero y de la información. El hardware no es asunto suyo, sino el software. Esta forma de existencia encuentra su más abstracta forma de expresión en los grandes grupos financieros, puesto que allí la producción es puramente virtual. Tampoco en la industria de ordenadores, en la telecomunicación y en los sectores próximos cuentan desde hace mucho los aparatos materiales, sino la habilidad técnica. Científicos naturales brillantes abandonan las universidades, fundan empresas y transforman su saber en patentes. Común a todas estas actividades es su pertenencia a la esfera que en tiempos se llamó la superestructura. Entretanto, aquí se producen beneficios que a las industrias tradicionales sólo se les aparecen en sueños. La clase ascendente de los camaleones ha desarrollado ya sus propios mecanismos de reclutamiento. Las personas altamente dotadas que cumplen con las cualidades exigidas hoy en día no se meten ya en política o en la enseñanza, sino que se hacen empresarios de software.

Una segunda clase a la que pueden atribuirse considerables probabilidades de supervivencia es la de los erizos. Lo que la distingue es justo su falta de flexibilidad. Su hogar es la carcasa de las instituciones, que sigue brindando un refugio seguro a los sedentarios. El funcionariado y categorías asimilables en organismos públicos, en administraciones, partidos, asociaciones, sindicatos, cámaras y cajas de todo tipo, a nivel local, nacional e internacional, en pocas palabras, la tan denostada burocracia ha probado hasta ahora ser resistente a todos los cambios del mundo del trabajo. La demanda de reglamentaciones aumenta inevitablemente con la creciente complejidad. Por el futuro de los ejércitos de millones que se dedican a tales tareas no hace falta preocuparse.

Frente a esto, el número de los demás que tienen un puesto de trabajo continuará previsiblemente disminuyendo. Podrían ser comprendidos bajo el emblema del castor. Los sectores productivos clásicos van reduciéndose con la automatización, la racionalización y el desplazamiento a áreas de salarios más bajos. En la agricultura este proceso está ya tan avanzado que el sector entero sólo se puede mantener en vida mediante subvenciones masivas.

La cuarta clase podría ser definida como subclase si no fuera el concepto demasiado global. No es posible incorporarla a un animal totémico por la sencilla razón de que la naturaleza no conoce especies superfluas, pues se trata de gente que no cuadra en el catálogo de virtudes del capitalismo digital y que por tanto desde la perspectiva de éste resulta prescindible. Constituyen sin duda, también en los países ricos, una parte constantemente creciente de la población. A escala mundial están en cualquier caso en aplastante mayoría.

Es seguro que en este ejército, también formado por millones de personas, hay voluntarios, vale decir personas que han hecho una elección consciente y se han despedido de la presión por lograr el éxito en la sociedad industrial. Pero ésta es una opción que se presenta a poquísimos; presupone un Estado del bienestar intacto y una sana conciencia del propio valer. Sin duda, hay virtuosos de la automarginación que encuentran sus posibilidades de vida en las suturas y los pliegues del régimen capitalista, y sería ridículo aplicarles la vara de medir de una moral laboral sin validez ya por la falta de puestos de trabajo seguros. Normalmente el destino de quienes son declarados superfluos es todo menos envidiable. La mayor parte de los parados y solicitantes de asilo, de la gente sin cualificación profesional, o de las mujeres que educan solas a los hijos –la relación podría continuarse– encuentran, en el mejor de los casos, trabajos a tiempo parcial, salen adelante en el mercado clandestino de trabajo o con la prostitución o acaban en actividades delictivas.

El capitalismo digital, para seguir utilizando el término, sólo puede agudizar esas tendencias. Una gran parte de la población no está de ninguna manera a la altura de las exigencias que impone. Esto no sólo es consecuencia de las barreras de acceso –no todo el mundo se abre paso hasta la Harvard Business School o hasta el MIT–, sino que simplemente viene dado por la distribución normal de Gauss. En los países del Tercer Mundo (por cierto, ¿dónde ha quedado el segundo?) no hay ni que pensar en la integración de la mayoría en los circuitos económicos globales. Las consecuencias políticas de esta evolución son impredecibles.

6. MÁS ACÁ DE LOS MEDIOS DE COMUNICACIÓN

Ceci n'est pas une pipe. René Magritte, el teórico del conocimiento entre los pintores, con su célebre cuadro se burló de todos los que confunden la imagen de una pipa con una pipa.

Ha servido de poco. Los evangelistas digitales no se cansan de afirmar que los nuevos medios han anulado la diferencia entre realidad y simulación. Un grado así de alejamiento del mundo, naturalmente, sólo es imaginable en el seminario universitario, en el laboratorio y en la película de ciencia-ficción.

Que estas ingenuas teorías de la simulación gocen de tanta popularidad tiene, sin embargo, también causas muy sólidas y banales. Como en los demás oficios, los trabajadores de los medios también padecen ceguera profesional. En este caso se manifiesta con una tan intensa autorreferencia que les es difícil mirar al mundo exterior; la sobrevaloración de la propia función les induce a confundir el mundo de los medios con la realidad. Este autoengaño les compensa de lo fugaz de su producción y, así considerado, es imprescindible para el mantenimiento de la idea que tienen de sí.

Esto puede verse ya en el periodismo clásico. El hecho de que incluso el mejor periódico se convierta en papel usado en veinticuatro horas, es una lesión al narcisismo que el afectado debe compensar dándose importancia. De ahí que algunas reuniones de redacción parezcan sesiones del equipo de gobierno, y en ellas se discute lo que saldrá mañana en portada como si el destino de la nación dependiera de ello. A menudo se tiene la impresión de que los periodistas apenas dedican un pensamiento a los lectores en su trabajo; lo que importa es el juicio de los competidores, un diminuto grupo de destinatarios de los que, sin embargo, depende su carrera. Similares pérdidas de realidad sufre también la propaganda comercial. Los llamados creativos quisieran a toda costa ser considerados artistas. Los directores artísticos miran de soslayo los premios al diseño. Sin tomar en consideración la realidad, los responsables de los anuncios se entregan a un culto de la juventud carente de sentido en lo económico, porque la pirámide de edades y la distribución del poder adquisitivo hablan un lenguaje completamente distinto. Las cosas suceden de forma parecida en todos los demás medios. El lema de *l'art pour l'art* encuentra aquí un eco tardío en el principio *le médium pour le médium.*

Otra ilusión que acarician casi todos los trabajadores de los medios es la creencia de que la gente les cree. También este fatal error lleva a la autosobrevaloración. Cierto que una vez hubo un público que consideraba que lo que podía leerse en negro sobre blanco merecía crédito. Pero esos tiempos han pasado. Los espectadores, lectores y consumidores de hoy están ilustrados sin remedio en el sentido de que frente a los medios excluyen sin más la cuestión de la verdad. De aquí se deriva un escepticismo que resulta invencible. Prácticamente todos los lectores de la *Bildzeitung* saben que el periódico no es un medio informativo, sino para pasar el tiempo. Y en la medida en que, en algún caso, en él se informa de algo, por lo común la noticia es inventada o irrelevante. Lo mismo vale, naturalmente, para la abrumadora mayoría de los programas de televisión. En cualquier caso, la publicidad es vista como mentira a la primera mirada.

Que de la oferta mediática, a pesar de esa resistencia por parte de los consumidores, se haga un uso apasionado provoca confusión entre los investigadores de la recepción. El motivo es que ésta trabaja casi exclusivamente con métodos cuantitativos y por ello no puede decir nada concluyente sobre efectos estadísticamente no captables. ¿Produce el consumo de pornografía más violaciones o, por el contrario, funciona como una válvula de escape? ¿Las escenas de violencia que ama la televisión son responsables o no de la delincuencia juvenil? No resulta sorprendente que las respuestas de los investigadores sean extraordinariamente contradictorias. Si la tesis de la simulación fuera cierta, podríamos ahorrarnos sin más las preguntas. El asesinato de la película policíaca o del videojuego y el asesinato ante el portal de la propia casa serían una y la misma cosa.

Aunque las casas de Dios estén vacías y las casas campesinas se transformen para alojar al turismo rural, hay indicios que señalan la conveniencia de no exagerar y de dejar las iglesias en su sitio.* Los medios desempeñan un papel central en la existencia humana, y su desarrollo vertiginoso origina cambios que realmente nadie puede apreciar en sus dimensiones. Y sin embargo a los profetas de los medios que nos auguran bien el apocalipsis o bien la salvación de todos los males, deberíamos entregarlos al ridículo que merecen. La facultad de distinguir una pipa de la imagen de una pipa está ampliamente extendida. Quien confunde el cibersexo con el amor está listo para el psiquiatra. Uno puede confiar en la inercia del cuerpo. El dolor de muelas no es virtual. El que tiene hambre no se sacia con simulación. La propia muerte no es un acontecimiento de los medios. Oh, sí, hay vida después del mundo digital: la única que tenemos.

Traducción de Ángel Repáraz

* He preferido dar una versión casi literal del fraseologismo alemán con objeto de salvar las referencias internas de la frase. *Die Kirche im Dorf lassen*, «dejar la iglesia en el pueblo», equivale a «no exagerar», «adoptar una actitud sensata ante las cosas». *(N. del T.)*

III

DIBUJO EN BLANCO Y NEGRO

Según Hermann Weyl

La tiza blanca en mi mano,
señores, está compuesta,
como ustedes saben, de moléculas.
Las moléculas están compuestas de partículas,
carga, masa, extrañeza y espín:
huellas que se disipan
en la cámara de burbujas
y desaparecen en mi mano,
en estas interminables fórmulas,
que ustedes conocen o no conocen,
señores, y que yo aquí
dibujo en la pizarra negra
con tiza, con tiza, con tiza.

Traducción de José Luis Reina Palazón

CIENCIA ASTRAL

Su mundo, casi de nada y nada,
de fantasmales supercuerdas
en el espacio decadimensional,
extrañeza, color, espín y encanto –

pero cuando tiene dolor de muelas,
el cosmólogo,
cuando se disipa en polvo de nieve
en St. Moritz,
come ensalada de patatas
o se acuesta con una señora
que no cree en bosones,
cuando muere

se evaporan los cuentos matemáticos,
las ecuaciones se derriten
y él vuelve de su más allá
a este mundo
de dolor, nieve, placer,
ensalada de patatas y muerte.

Traducción de José Luis Reina Palazón

LA CATEDRAL SUBTERRÁNEA

Aproximaciones a un santuario de la física

El camino a Ginebra. En una zona rural al noroeste del aeropuerto Meyrin, en parte en territorio suizo y en parte francés, se encuentra una de las mayores construcciones, quizá incluso la más ambiciosa, de las que ha producido nuestra civilización. Muy por debajo de pueblos, iglesias, campos y restaurantes, y no lejos de Les Délices, el lujoso *eremitage* de Voltaire en Ferney, discurre un túnel circular de 27 kilómetros de longitud, y arriba, en la superficie, los laboratorios y edificios de oficinas, las torres de enfriamiento y las gigantescas naves de montaje perturban el bucolismo del cuadro idílico. Propietario y empresario de estas grandes instalaciones, de 602 hectáreas de extensión, es el Consejo Europeo de Investigación Nuclear, CERN; fundado en 1954 por doce Estados miembros, se puso en funcionamiento en 1957 y no ha dejado de crecer desde entonces. Hoy son ya veinte las naciones que contribuyen a un presupuesto de prácticamente mil millones de francos suizos; la República Federal Alemana, con un porcentaje de casi el 23%, es el principal patrocinador. Otros países que participan, aunque no en calidad de miembros, son Israel, Japón, Rusia, India, Canadá, Estados Unidos y Turquía. El CERN ocupa a unos dos mil setecientos físicos, ingenieros y técnicos, colabora con quinientas universidades e institutos universitarios de ochenta países y consume más energía eléctrica que una ciudad media.

Pero no son estos superlativos los que caracterizan a la institución, sino su programa de objetivos. Y éstos son tan esotéricos que a la mayoría de los contribuyentes les resultaría difícil entenderlos. La palabrita *nuclear*, que aparece en el acrónimo CERN, sugiere la idea de que se estaría ante energía nuclear e incluso armamento atómico, actividades éstas con las que el CERN no tiene lo más mínimo que ver. Lo que aquí se desarrolla es pura investigación básica. Con la denominación «física de partículas» se describe su objetivo sólo de modo insuficiente. A fin de cuentas se trata aquí de avanzar hasta lo más íntimo de la materia y del origen y la evolución del universo.

Las páginas que siguen no pueden ni quieren sustituir a un curso básico de física avanzada. No puede pasar de ser un intento de presentar una institución singular. De problemas y resultados de experimentaciones de decenios no se hablará, sino de sus supuestos. Ya es suficientemente difícil observar a una cohorte de tan refinados observadores. Así y todo, vamos a inspeccionar una maravilla del mundo contemporánea, su ciclo de vida y su problemática.

La aceleración de la aceleración. Cuando el físico inglés J. J. Thompson investigaba en 1897 la radiación catódica, un trabajo que llevó al descubrimiento del electrón, utilizó un acelerador que un buen mecánico podía construir en algunos días. En 1928 el noruego Rolf Widerøe inventó un aparato que proporcionaba a las partículas energías superiores a la de la desintegración nuclear. Dos años después construía Ernest Lawrence el primer ciclotrón. En esa máquina las partículas se mantenían en una trayectoria espiral mediante la acción de un campo magnético y se aceleraban con un oscilador de alta frecuencia. Su primer modelo tenía dimensiones modestas: el diámetro era de sólo once centímetros. Entretanto, también la física teórica había hecho enormes progresos, y en los años treinta los investigadores llegaron a la conclusión de que existían otras dos formas elementales de energía aparte de la gravitación y la electromagnética: la fuerte y la débil. Cada vez se predecían y se descubrían más partículas subatómicas. Al electrón y al protón se agregaron gradualmente el neutrón, el mesón π y el mesón μ, el positrón y el neutrino. A finales de los años cincuenta emergieron otras partículas «exóticas». La perspectiva de conjunto de la situación se desvanecía, los físicos hablaban de un zoo de partículas y la necesidad de una teoría unitaria se hizo apremiante.

Al mismo tiempo crecieron también las posibilidades experimentales y con ellas las demandas a la técnica. El primer sincrotrón, inventado por Edwin McMillan, se puso en servicio en 1952 en el Brookhaven National Laboratory, cerca de Nueva York. En un anillo de fuertes imanes los protones podían ser acelerados a velocidades que alcanzaban casi la de la luz, y en el proceso se alcanzaron energías de 3 GeV, de la magnitud de la radiación cósmica. Las técnicas artesanales y la atmósfera íntima de los laboratorios de Rutherford y Hahn pertenecían al pasado. El primer sincrotrón de protones pesaba ya 2.000 toneladas.

La marcha triunfal de las catedrales. En la segunda mitad del siglo XII se fundaron las primeras universidades en Europa occidental. Por las mismas fechas en el norte de Francia crecían las catedrales hacia el cielo. Estas construcciones dejaban en la sombra todo lo que habían producido hasta entonces los arquitectos de Occidente. Una de las primeras y más importantes de esas catedrales se alzó en Reims, y ni siquiera transcurrió un siglo hasta que construcciones de osadía semejante se erigieron en Alemania, Italia, Inglaterra, España y Portugal. Los costes de estos despliegues de lujo fueron inmensamente altos. Durante decenios y siglos trabajaron en estas maravillas constructivas los mejores artistas y maestros de obras. Muchos de estos expertos estaban tan solicitados que se desplazaban de un país a otro. Los barracones de las obras eran probablemente las mayores y más costosas instalaciones industriales de la época. Los alardes técnicos estaban a la orden del día.

De esta manera se produjo una competición en toda Europa; no había señor, obispado o claustro que quisiera quedar por detrás de los grandes modelos. En muchos lugares se edificaron iglesias que podían albergar a un número de fieles superior al de sus habitantes. Nadie se quejaba por esta forma de dispendio colectivo; no se planteaba la cuestión del valor de uso, no hablemos ya la de su utilidad económica. A lo largo de algunos siglos los ciudadanos de Chartres y Salisbury, de Friburgo y Burgos, Praga, Milán y otras cien ciudades vieron en estas construcciones titánicas la expresión hecha piedra de sus energías espirituales.

Una analogía. Quien, cien metros por debajo del condado de Gex, no lejos de Ginebra, haya visto el hasta ahora mayor acelerador LEP, un *collider* de positrones y electrones, olvidará difícilmente el espectáculo. En gigantescas cavernas estaban los cuatro detectores, cilíndricos y de la altura de una casa –ALEPH, DELPHI, OPAL y L3–, en los que se registraban, se medían con exactitud, se clasificaban y se procesaban millones de colisiones de partículas subatómicas. Estos espacios subterráneos recordaban la nave central de una catedral, aunque los ritos y misterios con que se ocupaban sus sumos sacerdotes eran de naturaleza completamente distinta.

«No debiera rechazarse una analogía así», me decía Christopher Llewellyn-Smith, entonces director general del CERN. «Es claro que nuestro proyecto tiene una dimensión espiritual. Tiene que ver con nuestros sentimientos, con la pregunta sobre nuestro lugar en este Universo. Trabajamos en nuevas formas de energía y materia, con los elementos básicos de aquello de que estamos hechos.» Los pragmáticos quizá consideren esta investigación como un lujo, puesto que no aporta utilidad alguna inmediata y palpable. Pero es que tampoco es ésa su misión. La cuestión está igual de mal planteada que en el caso de la catedral. «A uno de mis colegas le preguntó una vez un diputado del Congreso cuál era la contribución de su ciencia a la defensa de los Estados Unidos, y él contestó: Ninguna. Ahora bien, contribuye a que ese país tenga algo que defender.»

Rivalidad por quarks y neutrinos. La construcción del LEP empezó en 1983, y ha durado seis años. La instalación era entonces el mayor proyecto subterráneo de Europa; ha costado 800 millones de euros. Fueron los países participantes, doce entonces, los que mostraron su disposición a fundar y financiar el CERN. El mérito no corresponde en absoluto a la Comunidad Europea. Desde sus comienzos las instituciones de Bruselas han obedecido siempre a la oportunidad política y los intereses de la economía. Hasta hoy no es posible hablar de una política cultural y científica europea. En estas condiciones raya en lo milagroso que un proyecto único como es el CERN se haya podido llevar a cabo.

Muchos físicos vuelven la mirada con cierta nostalgia a esos tiempos fundacionales. Tras la Segunda Guerra Mundial entró la investigación básica en una etapa de desarrollo febril, y durante la segunda mitad del pasado siglo se construyeron en todo el mundo máquinas cada vez más costosas.

Tras el proyecto pionero de Brookhaven (1952), la Unión Soviética construyó en Dubna, cerca de Moscú, el acelerador de mayor energía de entonces (1957), superado sólo dos años después por el CERN. Luego siguió el Stanford Linear Accelerator de California, en 1967. En el año 1983 se puso en funcionamiento el tevatrón en el Fermilab, cerca de Chicago, un competidor inmediato de los europeos. (Por lo demás, los arquitectos que proyectaron el edificio central de ese laboratorio tomaron como modelo la catedral de Beauvais, del siglo XIII, con sus dos torres y el coro.) En 1992 entró en servicio el anillo HERA en el centro de investigación hamburgués DESY; les hubiera gustado construir allí un gigantesco acelerador lineal de un coste de miles de millones, un proyecto que posiblemente ya no resulta financiable. En Japón e Italia había más proyectos. Grandes instalaciones para la investigación del neutrino se construyeron en el Gran Sasso, en el superobservatorio Kamiokande de Japón, en Canadá, en los Estados Unidos y en la Antártida. La competición mundial en el terreno de la gran investigación chocó por vez primera con una frontera en Waxahachie, Texas. Allí se acometió la construcción de un *superconducting supercollider.* Después de que se hubieran gastado en las obras más de seis mil millones de euros, el Congreso norteamericano echó el freno de emergencia y paró el proyecto.

Lo que mantuvo casi sin resuello a los equipos investigadores fue el enorme esfuerzo desarrollado por los físicos teóricos. Ciertamente muchos experimentos han producido sorpresas para las que nadie estaba preparado.

El llamado zoo de las partículas, el descubrimiento de los *charm-quarks* y de los *bottom-quarks,* del leptón tau y otras partículas planteó problemas a la teoría que sólo con el célebre Modelo Estándar fueron resueltos. Pero desde aproximadamente 1976 la teoría predijo todos los descubrimientos decisivos. En la actualidad se encuentran a la orden del día sobre todo la búsqueda de los bosones Higgs y los indicios de exactitud de la supersimetría; después vienen los estudios sobre la llamada vulneración CP y la física de los iones pesados (plasma *quark-*gluón). Sólo en raras ocasiones pueden abrigar los experimentadores la esperanza de un acierto debido al azar; para los costes que requiere cada uno de los ensayos, el método de ensayo y error no promete demasiado. Sólo tiene una oportunidad quien conozca la clave para plantear las cuestiones.

La comunidad. Dimensiones de la plantilla, según datos oficiales: 2.700. Pero de estos colaboradores 450 están en la administración, 271 son trabajadores cualificados, 930 técnicos, casi 1.000 ingenieros y científicos, y sólo 90 están registrados como físicos teóricos o experimentales. Incluso entre éstos son solamente 30 permanentes *physicists research* los que, por así decir, integran la Facultad del CERN; los otros, más jóvenes, tienen sólo contratos limitados. Este núcleo duro de apenas 3.000 colaboradores asegura la infraestructura de la investigación. Pero de valor decisivo para el conjunto de la empresa es una comunidad extraordinariamente móvil, la *scientific community* de los investigadores de élite de todo el mundo que trabajan con el CERN. Hablamos de 6.000 físicos de ochenta países que todos los años permanecen en Ginebra durante períodos más o menos extensos. Esta tribu de ciudadanos del mundo flotantes no sólo representa una bienvenida clientela para las compañías de aviación; los miembros de este *invisible college* permanecen también en constante intercambio mutuo. No en vano es a un investigador del CERN llamado Tim Berners-Lee, un científico de ordenadores inglés, a quien el mundo debe el World Wide Web. El protocolo de Internet surgió porque la comunidad de los físicos es dependiente de conexiones de datos rápidas y con buenos soportes materiales. (En 1995 observó Chris Llewellyn-Smith que, expresado en dólares, sólo la *web* tenía un valor superior a las sumas invertidas en el CERN por los Estados miembros desde su fundación. De canon de utilización por el invento no se habló nunca, lo que Berners-Lee inventó se puso gratis a disposición del mundo. Lo mismo puede decirse de múltiples aplicaciones en la técnica médica y de los semiconductores, en la química y la geología, que, digámoslo así, se han desprendido como subproductos de la física de partículas. La investigación básica tiene una economía propia que se sustrae a cualquier cálculo *a priori*. Nadie sabe si, o cuándo y de qué manera proporcionará una utilidad prácticamente explotable. Que sus protagonistas consideren como algo accesorio este *spin-off*, posible en todo momento pero en principio impredecible, es una circunstancia que naturalmente pone nervioso a cualquier socio capitalista.)

En curioso contraste con las grandes fluctuaciones de los iniciados se encuentra el horizonte temporal de la mayoría de los proyectos de investigación. Un experimento de un orden de magnitud medio dura de cinco a seis años y requiere un presupuesto de millones. Grandes proyectos como ATLAS, para el que se necesitan importantes inversiones propias, han de contar con plazos de preparación de hasta veinte años. De este modo un único experimento puede constituir el trabajo de la vida de un físico.

La malla científica que se ha formado en torno al CERN acusa además otras singularidades. Incluso en los años más fríos de la Guerra Fría han trabajado aquí científicos del bloque oriental sin el más mínimo roce con sus colegas de Occidente. Japoneses y franceses, rusos e indios se entienden aquí sin esfuerzo en una *lingua franca* que suena como inglés, pero para los de fuera es totalmente incomprensible, tal y como muestra un e-mail cogido al azar de la papelera:

«Concerning NAN-93. We have reprocessed all DST's of C-meson run and minimum bias and repeat all our procedures with new OXPR and OXMC. The results are the following: 1) Main conclusion about huge yield of Phi is confirmed. The branching ratio of Phi-pi(-) is in agreement with Crystal Barrel result on Phi-pi(o). 2) The yield of omega-pi(-) is increased on 25% and now completely coincide with old Bizarri result.»

Sorprendente para cualquiera que haya tenido el privilegio de observar desde dentro un departamento universitario alemán es el tono familiar imperante entre los científicos aquí presentes. Sin duda que no les son ajenas las rivalidades habituales, y su ambición es considerable; como en todas partes, están en juego prioridades, medios de investigación y prestigio. Sin embargo, la atmósfera es desconcertantemente sosegada. A las jerarquías se les da poca importancia. La relación entre los clanes que cultivan estilos de trabajo por completo distintos –teóricos, experimentadores, ingenieros– parece distendida. En las discusiones se ha impuesto un grato tono anglosajón.

Si se tiene en cuenta, además, que el presupuesto asciende a miles de millones, es llamativo cierto culto a lo deslucido. Se prefieren los trajes viejos, todo lo usados que sea posible. Los coches nuevos, como todos los símbolos usuales de estatus, están mal vistos. Los comedores recuerdan los años cincuenta. En muchos edificios se está desconchando el revoque de las paredes. Investigadores de prestigio mundial ocupan, entre un mar de papeles y muebles de aglomerado, despachos tan minúsculos que si les fueran asignados a los empleados de una aseguradora, éstos lo sentirían como una desfachatez.

También la arquitectura expresa esta renuncia demostrativa al brillo exterior. Las naves, los edificios administrativos y los almacenes del área del CERN entonarían con cualquier estepa industrial de Europa. En este sentido es desacertada la comparación con una catedral. Si es que puede hablarse de una estética, la de aquí sería puritana. Así visto, la Ginebra protestante como lugar de asentamiento ha sido una elección feliz.

Liliput en Brobdingnag. Órdenes de magnitud inconcebibles son cotidianas en el mundo de la física de altas energías. Se puede uno encontrar allí a personas que trabajan con potencias de 10 como 10^{15} o 10^{-23} igual de rutinariamente que las camareras con los precios de un filete o una cerveza. Aquí las magnitudes extremadamente grandes y las extremadamente pequeñas se entrelazan de un modo paradójico, puesto que cuanto más pequeñas son las partículas a investigar, tanto más enorme habrán de ser los costes para producirlas y analizarlas. Un economista hablaría aquí quizá de utilidad marginal decreciente, pero la aparente paradoja tiene una causa plenamente plausible, puesto que es nuestro Universo mismo el que impone las escalas. En la investigación vuelve la antiquísima idea de que el microcosmos y el macrocosmos se corresponden especularmente. La física de las partículas y la cosmología se comportan como las dos caras de una moneda. En los experimentos del CERN se imitan e investigan con medios extremos procesos tal y como tuvieron lugar hace quince mil millones de años, poco después del *big bang*, por tanto, por así decir al comienzo del tiempo; ecos de ello tratan de descubrir hoy los astrofísicos en las estrellas de neutrones y en la radiación de fondo. La radiación cósmica, las nubes de neutrinos y los agujeros negros sólo son interpretables a la luz de los conocimientos a que ha llegado la física de altas energías.

Los señores de los anillos. En la historia del CERN, organismo que pronto cumplirá medio siglo de existencia, se percibe una tendencia al crecimiento incesante. La máquina más antigua, que sigue siendo la más imprescindible, fue puesta en servicio en 1960 y es el primer sincrotrón de protones (PS) del mundo. Con 600 metros de perímetro, modesto para las condiciones de hoy en día, entonces fue el mayor acelerador del mundo. El siguiente paso fue la construcción de un anillo de energía notablemente superior y un perímetro once veces mayor. Este supersincrotrón de protones (SPS) se terminó a mediados de los setenta. Sólo transcurrieron unos pocos años hasta el siguiente Gran Paso Adelante. Con el LEP, el *Large Electron Positron Collider*, de 27 kilómetros de longitud y en funcionamiento desde 1989, el CERN ocupó de nuevo el primer puesto en el mundo. La máquina es la lógica ampliación de los equipos desarrollados hasta entonces. Por procedimientos separados los positrones y los electrones son producidos, acumulados, acelerados a 22 GeV en los dos anillos más antiguos, PS y SPS, y después disparados en sentido opuesto en el gran *collider* nuevo.

Las partículas se mueven circularmente allí en un tubo de aluminio que se encuentra envuelto en plomo y a bajas temperaturas y en el que además reina un vacío casi perfecto. Son conducidas a través de más de 5.000 imanes, de modo que formen un haz, y aceleradas en campos de alta frecuencia a valores superiores al 99 % de la velocidad de la luz. En cuatro puntos se eleva su concentración espacial mediante potentes imanes, lo que aumenta la probabilidad de que colisionen. Grandes detectores cilíndricos de 500.000 canales electrónicos cada uno registran después los complejos productos de desintegración de estos «sucesos».

En cuanto estuvo lista esta máquina colosal, los señores de los anillos se dispusieron a planear el siguiente paso, un proyecto que habría de oscurecer todo lo hecho anteriormente. Los primeros esbozos son de los años 1989-1990. Desde entonces se está trabajando en una instalación que representa lo último y que lleva el nombre de Large Hadron Collider (LHC). (El término «hadrones» comprende un entero tropel de partículas pesadas: junto a los protones y los neutrones hay que citar los distintos mesones, las dos jis y la lambda. El nombre procede del griego ἁδρός, que significa tanto como fuerte, grande, grueso o crecido. Con su extravagante nomenclatura los físicos han tenido poca fortuna; produce la misma impresión de capricho y confusión que el zoo de partículas que debiera domar.)

Se trata, no podría ser de otra forma, de un proyecto de superlativos. Esto se acusa ya en la energía de movimiento de la máquina planeada: 14 TeV, con todos sus números 14000000000000 electronvoltios. Para tranquilizar al visitante se le dice que un mosquito habitual alcanza ya volando un TeV; lo que sucede es que la energía del LHC, catorce veces superior, debe concentrarse en una sección que es 10^{12} más pequeña que un mosquito. 1.200 imanes de 15 metros de largo crean intensidades de campo nunca alcanzadas. Cables superconductores y enfriados con helio líquido proporcionan corrientes de 12.000 amperios a temperaturas por debajo de 2º Kelvin. Y así continúa este viaje fantástico, no al centro de la Tierra, sino al inalcanzable origen del Universo, al que los investigadores pretenden acercarse con el LHC hasta una billonésima de segundo.

Los físicos están seguros de que durante las colisiones en el interior de la máquina pueden ser observados fenómenos por entero nuevos. Posiblemente esto conduzca al descubrimiento del bosón Higgs, que los teóricos han predicho hace mucho tiempo; quizá se descubra el misterio de la supersimetría, o bien salgan a la luz cosas por completo inesperadas que pongan patas arriba todas las teorías propuestas hasta el momento.

Desde hace años trabajan en el proyecto más de cinco mil ingenieros y científicos. Muchos de ellos no se han visto nunca, e intercambian sus resultados vía Internet. Lo mismo hay que decir de las empresas de todo el mundo que suministran los equipos. Las exigencias que se plantean a la tecnología de vanguardia son extremas, muchos componentes deben ser desarrollados como absoluta novedad, y todas las piezas de este mosaico deben encajar exactamente. Los costes se estimaron al principio en 2.000 millones de francos suizos, a los que habrá que agregar todavía un máximo de 800 miles de millones para los experimentos. Ya en 1995 tuvo que ser corregida hacia arriba la cifra, y hoy se está hablando de 3.500 más 1.500 millones. Además de los veinte países miembros han de participar en la financiación los Estados Unidos, Rusia, India, Canadá, Japón e Israel.

Rastreadores. La nave de montaje, en pleno campo, tiene el aspecto de un astillero, o del hangar de un aeropuerto con capacidad para dos jumbos. Sólo unas pocas docenas de personas se encuentran trabajando. Las pesadas grúas colgantes no se mueven. Reina una atmósfera distendida, pero de alta concentración. En el centro ya se han montado las piezas esquineras cilíndricas de un coloso de 45 metros de altura, cada una de ellas con una aplicación de minio rojo y de una altura de seis pisos. En esta nave está surgiendo ATLAS, uno de los cuatro detectores que de alguna manera representan los órganos de los sentidos del *collider*. También en este conjunto se evidencian las paradojas en las dimensiones del proyecto: por un lado la monumental pujanza del detector, por otro su función, consistente en seguir la huella de «sucesos» subatómicos tan minúsculos que necesariamente sólo pueden ser observados de forma indirecta. En ATLAS se han de producir por segundo casi mil millones de colisiones. El flujo de datos que debe ser procesado ahí es de una magnitud inconcebiblemente elevada; corresponde a la información que circularía si cada uno de los seis mil millones de habitantes de la Tierra llevara a cabo al mismo tiempo veinte conversaciones telefónicas. En múltiples niveles el detector filtra en dos microsegundos aquellos datos que son de interés para los investigadores, que son casi todos. La «tasa de aciertos» se encuentra en torno a 1:10000000000. Por tanto sólo el resultado de esa diezmillonésima colisión se retendrá en la memoria para su evaluación y se analizará *offline* por parte de físicos de todo el mundo. A pesar de esta radical reducción se cuenta con un flujo de información anual de, como mínimo, un millón de gigabytes, que los investigadores han de evaluar. La capacidad de procesamiento que se requiere por experimento corresponde al de muchos cientos de miles de ordenadores actuales.

La inversión en técnica que supone el detector es impresionante. El aparato tiene en total bastante más de diez millones de componentes. Muchos de estos elementos integrantes son exóticos: *pixel-strips* y *silicon-strips*, *trackers* de radiaciones, imanes de solenoides, calorímetros y espectrómetros de altísima precisión. Para los kryotécnicos y los técnicos de semiconductores, imanes, gas, alta tensión, vacío y protección de las radiaciones, sin olvidar a los especialistas en mecánica de precisión, el proyecto es un reto formidable. Logotipos de empresas de unas cuantas docenas de países pueden verse en la nave. Kazajistán, China e Israel son parte de esta empresa igual que Deggendorf, Baviera. Parece enigmático que pueda coordinarse la participación de tantos suministradores al punto de que ajusten entre sí los millones de componentes. Aun cuando oficialmente se mantiene el calendario según el cual el detector habrá de descender en el año 2003 a su caverna subterránea, nadie sabe si se cumplirá el plazo.

Ambiente de crisis. Hasta hace unos pocos años el singular mundo interior del CERN todavía parecía estar en orden. De problemas económicos no se oía entonces nada. Carlo Rubia, Premio Nobel y hasta 1993 director general, al parecer en la inauguración del LEP anunció la siguiente fase de la construcción, el vertiginoso Large Hadron Collider, y con optimismo irrefrenable afirmó que el proyecto podría ser financiado por el propio presupuesto del CERN. Los costes totales se estimaron entonces en 2.800 millones de francos suizos, y se creía poder contar con la obra acabada antes del año 2000. Ahora bien, no se precisa ser un experto para prever que en proyectos de esa magnitud cualquier propuesta de costes es una *fata morgana* y cualquier calendario de ejecución un autoengaño. Hoy las estimaciones alcanzan un monto de casi el doble, y, en el mejor de los casos, se cree que la obra se acabará en el 2007, aunque los primeros resultados no llegarán antes de los años 2008 a 2010.

Por vez primera la gerencia se encuentra con resistencias y objeciones procedentes de dos direcciones. Por un lado la crítica viene de dentro. La nueva instalación absorbe más del 90% de todos los recursos. El mayor acelerador LEP en funcionamiento hasta el momento ha tenido que ser desmontado y desde noviembre del 2000 está inmovilizado. Esta medida fue inevitable por cuanto no podía pensarse en la construcción de otro túnel; el LHC utilizará en consecuencia el circuito de 27 kilómetros de su predecesor. Pero con ello quedan en suspenso durante largos años las posibilidades experimentales que han hecho del CERN un centro de primer rango. Para experimentos en curso como la producción de antimateria en el decelerador de antiprotones se dispone sólo de un porcentaje mínimo del presupuesto. La oposición habla de estancamiento y de amenazante monocultivo, de que la gerencia habría percibido demasiado tarde el encarecimiento del proyecto LHC y de que no habría reaccionado adecuadamente a ello. Los Estados miembros han tenido una dura reacción a esta negligencia, efecto de la cual es que previsiblemente todas las actividades que no tengan nada que ver con el gran *collider* deberán ser suspendidas y ya no podrá pensarse en proyectos ulteriores. Esto es una seria hipoteca para el futuro, ya que ese tipo de instalaciones debe desarrollarse y planearse con decenios de anticipación.

La inquietud entre los colaboradores ha conducido incluso a una protesta organizada, por vez primera desde hace casi cincuenta años. Y aunque los científicos e ingenieros no sean proclives a las acciones sindicales, hay sin embargo una

Staff Association que recientemente ha organizado un plebiscito. De lo que en principio se trataba era de la siguiente alternativa, que se formuló con bastante ingenuidad: «¿Debería modificar la gerencia su modo de actuar y su estrategia para afrontar la crisis del presupuesto y para asegurar el futuro de la organización a medio y a largo plazo, sí o no?»

Cuando aumentan incontroladamente las dimensiones de una especie los zoólogos hablan de crecimiento «lujuriante», y los matemáticos saben que toda función exponencial se vendrá abajo frente a la realidad tarde o temprano. ¿Se han excedido los señores de los anillos? ¿Han infravalorado los problemas que ahora se les vienen encima? ¿Podría ser que hayan caído en la megalomanía? Tan sencilla no puede ponerse uno la explicación de la crisis. Son profundas modificaciones de la historia de la ciencia y de la política económica las que ocupan a los bienhumorados guardianes del Grial de Ginebra.

Paradigmas y modas. Los tiempos del auge económico de posguerra no sólo han pasado en Europa. Por todas partes hablan los políticos de desempleo, de la recesión que amenaza y de la necesidad de ahorrar. La marcha triunfal de las doctrinas neoliberales no se detiene. Para la política científica esto significa la concentración en investigaciones orientadas hacia la aplicación técnica, de las que se esperan ventajas en la globalizada competencia para la mutua eliminación. Cualquier ministro hace hoy en día un gesto de rechazo cuando ha de pagar para investigaciones básicas que no prometan beneficio inmediato.

Para un cambio climático así de súbito no estaban preparados los gerentes, acostumbrados a ser tratados con mimo. Tocar el tambor de la propaganda comercial no se les ocurrió. «Ante la opinión pública», dice un colaborador con un puesto directivo, «nuestra tienda se ha presentado siempre como una orquesta que ensaya de continuo pero nunca da un concierto, y a lo sumo de vez en cuando distribuye a la prensa algunas partituras. Nadie oye la música sublime que se toca aquí.» Los políticos perciben esto y se inclinan a cerrar el grifo.

Pero el CERN no sólo tiene que luchar con problemas de comunicación; también, y sobre todo, con los profundos cambios que se observan desde hace algún tiempo en el ecosistema de las ciencias. En los años que siguieron a la Segunda Guerra Mundial la física era considerada la indiscutida ciencia directriz. Es posible que haya sido precisamente su grado de madurez el causante de que hoy se vea desplazada por las ciencias de la vida de la posición de cabeza. Evidentemente esto se debe a las inquietantes promesas de las disciplinas implicadas. Las nuevas biotecnologías atraen con enormes réditos de futuro, aun cuando no esté completamente claro lo largo que será el camino desde la investigación hasta el mercado. En todo caso, los laboratorios biológicos atraen gigantescas inversiones. La ciencia y la técnica se funden aquí para formar un único complejo. Cualquier descubrimiento se asegura y se capitaliza de inmediato mediante una patente.

El contraste con la física de partículas no puede ser más agudo. Mientras los biólogos están haciendo pruebas con su pecado original, la física atómica tiene el suyo ya a las espaldas. La bomba atómica y las catástrofes de Harrisburg y Chernobil son ya historia. Lo que la biología molecular y la biomedicina pueden hacer con la vida humana, no lo sabemos todavía.

Ya pueden los físicos de altas energías asegurar con la frecuencia que deseen que no se interesan por las armas atómicas ni por las centrales nucleares, populares no son. La moda los ha dejado atrás. Sus enormes máquinas, todavía hace veinte años consideradas sexy, ya no hacen titulares. No pueden ofrecer la promesa de curar enfermos, prolongar la vida o hasta mejorar la especie. Y que sus conocimientos arrojen algún beneficio al capital, no lo han afirmado nunca. La investigación básica, tal y como se practica en el CERN, no ocupa a abogados de patentes. Lo que descubre está a disposición de toda la humanidad. Precisamente esta actitud clásica ante la ciencia amenaza con resultarle fatal ahora.

Algunas conjeturas. Mirando hacia atrás se puede tener la impresión de que la física cuenta con un pasado más extenso y más brillante que la biología, que no existía todavía como ciencia natural exacta en tiempos de Galileo y de Newton. Sólo en el siglo XIX se investigaron la evolución biológica y la reproducción sexual, sólo en el siglo XX se han puesto los fundamentos de la genética. (La fusión del óvulo y del espermatozoide no se observó por vez primera hasta 1875, y sólo en 1883 se admitió que los cromosomas son los portadores de la substancia hereditaria.) No es por consiguiente ningún azar que las ciencias de la vida no hayan salido hasta hoy del cascarón de un materialismo que la física superó como muy tarde con la teoría de los quanta. La mayor parte de los físicos actuales se muestran desconcertados ante la ingenuidad en punto a teoría del conocimiento y las concepciones reduccionistas de muchos biólogos. El tradicional concepto de materia hace largo tiempo que ha cumplido su servicio. «Nadie sabe qué es la masa en realidad», «Cuanto más profundamente penetramos en ella, tanto más se evaporan las partículas que investigamos», «Con cada avance de la teoría el cosmos me parece más enigmático»; frases así se pueden oír a los teóricos del CERN todos los días. Sería muy, pero que muy de desear que algún que otro especialista en biomedicina o en investigación del cerebro tuviera un comparable poder de penetración en los límites de sus posibilidades de conocimiento.

Por tanto, puede ser que justo el *time lag* que padece la biología le haya proporcionado su actual coyuntura favorable, haciéndola tan compatible con la realidad económica. La Bolsa no se interesa por la unificación de los cuatro tipos de fuerzas, la incompletitud del modelo estándar o la cuestión de dónde se ha quedado la antimateria del Universo. No hay que tomárselo a mal. ¿Cómo se explica la vulneración de la simetría CP, descubierta en 1964 y que tantos enigmas plantea? ¿Existen verdaderamente los bosones Higgs, cuya existencia es exigida por la teoría? ¿Es cierto que a cada partícula le corresponde una compañera supersimétrica? ¿De qué está formada la materia oscura del Universo? Y finalmente, ¿por qué, en general, hay algo, y no nada? De este modo regresan antiquísimas preguntas con nueva vestimenta. Que alguna vez puedan ser contestadas conclusivamente es algo incierto. El intento, en todo caso, no produce dinero, más bien al contrario. Tal y como muestra la empresa CERN, a la sociedad internacional le sale caro.

Que la humanidad pueda permitirse preguntar por el surgimiento del mundo en que vive es algo sobre lo que caben diversas opiniones. Hay muchos motivos para creer que el capitalismo sólo podrá sobrevivir mientras pueda contar con que haya acciones humanas que se sustraen a su lógica. El aire sigue siendo un bien que se utiliza sin retribución la mayoría de las veces. Parece que hay ciudades que no exigen dinero por entrar en los parques. Aquí y allá se comunican gratuitamente pensamientos. No todas las relaciones amorosas se calculan al céntimo, y el tráfico de niños y (hasta el momento todavía) de órganos humanos está sometido a limitaciones que a la economía de mercado le son ajenas. ¿Y no podría ser que también se pueda plantear la cuestión de qué es lo que mantiene la coherencia del cosmos en lo más íntimo, sin tener en cuenta los beneficios que quepa esperar de la contestación?

Cuando Friedrich Dürrenmatt visitó el centro ginebrino en los despreocupados días de 1976, se preguntó «si quizá después de todo el CERN no resultaría ser otra cosa que un centro experimental metafísico, incluso teológico». «Por improbable y paradójico que sea todo esto», le contestó un físico, «hasta ahora representa con mucho la empresa con mayor sentido que ha producido Europa porque es lo aparentemente más carente de sentido, asentado en lo especulativo, lo aventurero, la curiosidad en sí.»

Así pues, una máquina metafísica cuyo futuro parece estar en peligro. Con qué medios, si y cuándo podrá ser inaugurado el gran *collider*, la mayor catedral subterránea de la física, está en las estrellas. Un frágil consuelo puede ser que también la catedral de Colonia fue terminada un día. Lamentablemente para entonces habían pasado quinientos años.

Junto a las publicaciones oficiales del CERN, este informe se apoya en las siguientes fuentes: P. C. W. Davis, *Die Urkraft. Auf der Suche nach einer einheitlichen Theorie der Natur* [La fuerza originaria. En busca de una teoría unitaria de la naturaleza], Hamburgo, 1987; Gordon Fraser, Egil Lillestøl e Inge Sellevåg, *Auf der Suche nach dem Unendlichen* [En busca del infinito], Berlín, 1999; Murray Gell-Mann, *Das Quark und der Jaguar* [El *quark* y el jaguar], Munich, 1994; Chris Llewellyn-Smith, «The Large Hadron Collider», en *Scientific American*, julio de 2000, y Steve Weinberg, *Der Traum von der Einheit des Universums* [El sueño de la unidad del Universo], Munich, 1993. «La narración del CERN», de Friedrich Dürrenmatt puede leerse en su libro *Politik. Essays, Gedichte und Reden* [Política. Ensayos, poemas y discursos], Zurich, 1980. Por las entrevistas e informaciones de fondo debo dar las gracias, además de a Chris Llewellyn-Smith y Nigel Calder, a Klaus Winter y Rolf Landua. De sus observaciones y especulaciones es el autor único responsable.

Traducción de Ángel Repáraz

INSÓLITO ATRACTOR

Minutos, horas, días enteros
inclinado sobre el barandal,
sobre millones
de insolubles ecuaciones,
miro en el ojo del huracán,
que mira mis ojos;

verdecaliza, blancoespumeante
susurra la clara materia,
girando hipnótica,
el yeso brillando
en remolinos que retornan
nunca retornando;

y arriba del todo, felpudo,
en la espuma, en la luz,
vacila, danza algo húmedo,
pardo, que danza
pero no se hunde,
vacila
un osito de peluche.

Traducción de José Luis Reina Palazón

DETALLES SOBRE UN ÁRBOL

Aquel abedul, tachonado de sol.
No te muevas. Mira
las variaciones: el verde del verde,
lo mate de lo brillante, la hoja
en el limbo más oscura arriba
que abajo. Nada se repite.
Cada nervio se derrama como sobre la piel
la brisa. Todo esto vacila,
se alza, inalterado
casi, pero no del todo.

Esto balancea, baila, rueda:
«conjuntos patológicos»,
funciones sin derivada,
órbitas fluctuantes en un espacio de fases.

Al viento doblegan, que las dobla,
las hojas, lo tuercen
en fantasmales remolinos
que tú no ves. Deja calcular
tu débil cerebro
hasta que tiemble, vibre, se vuelque
ante el remolino de los fenómenos
capitule y de nuevo
como el abedul ante tus ojos
se alce, inalterado
casi, pero no del todo.

Traducción de José Luis Reina Palazón

BIFURCACIONES

Todo lo que se ramifica,
se bifurca: delta, rayo, pulmón,
raíces, sinapsis, fractales,
árboles genealógicos y de decisiones;
todo lo que multiplica
y a la vez disminuye –

no hay quien lo comprenda,
ya demasiado complejo
para este cerebro de gorrión,
este miembro X
de una serie infinita
que a las espaldas
de aquel que en lugar de pensar
es pensado, se desarrolla,
se ramifica, se bifurca.

Traducción de José Luis Reina Palazón

CONJETURAS SOBRE LA TURBULENCIA

El pluralismo no respeta nada. Tampoco el futuro está a salvo de él. Como si ello resultara evidente sin más, en todas las lenguas naturales es uno de esos *singularia tantum* de los que, al igual que el pasado y el presente, pensamos que ocurren *una vez.* Cuando, por el contrario, pensamos en lo que nos espera, la cabeza nos da vueltas. Hemos perdido la capacidad de subsumir bajo el singular lo que todavía no existe. En este sentido no es que tengamos demasiado poco futuro ante nosotros, o ninguno en absoluto, como el polvoriento lema *No future* pretende hacernos creer, sino demasiado, vale decir demasiados. El futuro en tanto que representación homogénea se ha vuelto impensable. Cada reflexión que se le dedica se escinde según el esquema de decisiones indefinidamente bifurcadas y origina una diversidad que no podemos dominar, pero que tampoco podemos evitar.

Todos estos futuros compiten entre sí y acaban con heridas cuando se abren paso a codazos, lo que disminuye a cada uno de ellos y lesiona a todos en su dignidad. Presumiblemente la tan lamentada desaparición de la utopía tiene su causa en esa autorrelativización de lo posible. No porque ya no se nos ocurra nada, sino porque la oferta de fantasmas sobrepasa nuestra capacidad mental, los proyectos disponibles, con independencia de que se llamen eutopía o metopía, nos parecen carentes de valor vinculante, por no decir banales.

La futurología es la ciencia de los posos de café. Los esquemas y estructuras que quiere interpretar los atribuye a su material, para después leerlos a partir de éste; de este modo salieron los canales de Marte y el rostro de la luna. Este proceder psicológico puede apoyarse en un acuerdo tácito con nuestras *proyecciones* diarias. Es divertido ver cómo se cruza el término matemático con el psicológico, sin que por ello ninguna de las disciplinas implicadas vea más claro el asunto.

El pluralismo del futuro es entretanto parte del decorado interior de la normalidad. Cualquiera que «piense más allá del día de hoy» –¿y quién puede escaparse de ello?– desarrolla inevitablemente series enteras de escenarios que no sólo son inconsistentes entre sí, sino que se excluyen mutuamente. La misma persona que está convencida de que una catástrofe de escala mundial es inminente, suscribe sin pestañear un seguro de vida a treinta años. La oscilación entre época de Acuario y apocalipsis, New Age y cálculo de la jubilación, nirvana y asesoramiento para la inversión hace tiempo que se ha convertido en un fenómeno de masas. Es fácil reírse de los escenarios más burdos en que anida la superstición, pero también entre personas que se consideran plenamente sensatas el futuro se cotiza, y sus alzas y bajas serían difíciles de explicar racionalmente. La guerra nuclear en Europa, todavía hace pocos años una pesadilla obsesiva, prácticamente ha desaparecido del todo de la fantasía colectiva. En su lugar se conjura el ocaso ecológico en innumerables versiones. Así, lo inimaginable se presenta como mera variante, la extinción de la especie como intercambiable material de juego.

También las «visiones» del ocaso son parte del ciclo de valorización de los medios. Su totalidad es aparente; el carácter definitivo que reclaman deja espacio para otros, que se presentan como igual de exclusivos; todo se vuelve por completo distinto porque la economía mundial está a punto de hundirse, porque la Inteligencia Artificial sustituye al sujeto, porque epidemias incurables hacen aparecer como superfluas a todas las restantes catástrofes, porque la técnica genética pone un término al hombre, y así sucesivamente.

Pero tampoco puede uno fiarse del pesimismo. No sólo los plazos mensuales de amortización de la casa propia le imponen restricciones tácitas, pero tenaces. El mismo ciudadano mayor de edad que está convencido del imparable envenenamiento de la Tierra, del derretimiento de los cascos polares, del agotamiento de todos los recursos, se aferra al propio tiempo a la ideología del *technical fix* y espera la invención salvadora, el truco imperceptible que resolverá todos los problemas energéticos de una vez por todas.

La coexistencia de lo incompatible domina también en la esfera de los expertos. Los economistas pueden ser considerados los pioneros de la profecía moderna. Desde que hay memoria, del todo inmunes a las refutaciones por parte de la realidad y con semblante serio están haciendo el horóscopo a la economía. El marxista ortodoxo calcula la fecha en que se colapsará definitivamente el capitalismo, el asesor de inversiones fanfarrón predice en folletos de mucho brillo la próxima alza bursátil. Ambos se encuentran con un público crédulo. Sus pronósticos tienen una sola cosa en común: la inconmovible seguridad con que se exponen. En este punto coincide tanto el Club de Roma con los grupos de presión nucleares como el investigador climático con el demógrafo: todos han tomado para sí en arrendamiento el futuro, su futuro.

El puesto en el columpio lo ocupa el destinatario de esos esfuerzos. Los medios lo exponen a un cambio continuo de consignas catastrofistas y tranquilizadoras, y apenas le queda otra posibilidad que acostumbrarse al lábil equilibrio de pánico y apatía. El *common sense* que cree en poder salir adelante improvisando se inmuniza a la larga contra las instrucciones de conducta ocultas tanto en las profecías positivas como en las negativas. El que eche una mirada a los escenarios de futuro de los años cincuenta, sesenta, setenta tendrá que confesar que el buen sentido común con sus limitaciones no ha quedado peor que todos los *think tanks* de este mundo.

Son por consiguiente muy palpables las experiencias que han privado de terreno a la filosofía de la historia. La ingenuidad de todas las teorías, al fin y al cabo versiones secularizadas de la historia sagrada, se ha vuelto manifiesta también para quien no está muy acostumbrado al pensamiento especulativo. Con indiferencia de que se presenten con ropaje «progresista» o «conservador», su autoconfianza ha sufrido golpes, y se les nota que tan sólo administran su propio legado.

De modo sorprendente y memorable es precisamente una determinada fracción de las ciencias «duras» la que en esta situación tiene propuestas nuevas que hacer, y ello de modo tal que se despide de su propia tradición, la dogmática del cálculo exacto. De la termodinámica, de la teoría de la evolución y de sistemas, pero también de la matemática y de la física teórica han surgido impulsos que acaso puedan contribuir a salir de los viejos callejones sin salida. Se trata ahora de nuevos paradigmas de la autoorganización, de estructuras disipativas y lógicas no lineales. Una cosa cuando menos ha quedado fuera de duda: que la evolución de sistemas complejos no puede ser predicha exactamente por principio; su curso es influido decisivamente por sucesos singulares, con frecuencia de elevada improbabilidad. Insumos diminutos pueden originar el «vuelco» de conjuntos muy amplios, en tanto que, por otra parte, enormes factores influyentes son integrados dinámicamente sin que se produzcan turbulencias incontrolables. Naturalmente que esto puede expresarse con más sencillez. Se podría afirmar que la ciencia está en las mejores condiciones para restituir al azar en sus viejos derechos metafísicos. Aunque también es cierto que con la recaída en un mundo conceptual precientífico no se ganaría nada.

Más interesante es la pregunta de si esas nuevas formas de pensar se pueden aplicar asimismo a procesos sociales. Sus inventores actúan con moderación al respecto, probablemente no sólo porque no se sienten competentes, sino porque asimismo les asustan las implicaciones ideológicas de esa transferencia. No tienen ganas de ponerse al alcance del cuchillo de la política. Por el contrario, desde su triunfante polémica contra el darwinismo social, desde hace cien años por tanto, los sociólogos y los críticos sociales consideran cosa probada que no se puede aprender nada de las ciencias naturales. Esta reserva se ha solidificado hace tiempo en la izquierda como prohibición de pensar. Sólo en los últimos tiempos se están dando movimientos de aproximación a la cuestión de si estaríamos o no autorizados a reflexionar sobre posibles homologías entre procesos físicos, biológicos y sociales.

Y, sin embargo, es precisamente la constitución de las sociedades más ricas la que sugiere tales exploraciones; se han despedido de la idea de la planificabilidad. Los poderosos y los impotentes, los individuos aislados y los grupos persiguen como siempre sus objetivos particulares, pero el movimiento del todo se escapa a sus intenciones, incluso a su imaginación. A nadie se le ocurriría proyectar un «plan quinquenal» para llevarlo a la práctica, no hablemos ya de objetivos que vayan más lejos. También se ha renunciado a proponer, y más aún a prescribir, estrategias de desarrollo a lo Rostow a los otros, a terceros, por ejemplo al Tercer Mundo. Con ello han quedado liquidados también los en tiempos tan populares planes conspirativos, que veían el proceso histórico como gobernado por misteriosos y todopoderosos centros, y la búsqueda de un sujeto de la historia, revolucionario o evolucionista, ha demostrado ser estéril.

Una instancia que pudiera dirigirlos centralmente no se ve ya en absoluto en estos países «avanzados», y hasta se podría sostener que aquí nos encontramos ante sociedades acéfalas: sería la resurrección irónica de un estado que los etnólogos pretenden haber descubierto entre los pueblos prehistóricos. Por supuesto que esto no significa en lo más mínimo que en un conjunto así el poder, la riqueza o las oportunidades se vayan a distribuir con mayor justicia, o hasta con justicia sin más. Sólo quiere decir que, tras la disolución de las relaciones de estatuto y de clase rígida y jerárquicamente articuladas, se constituye un equilibrio fluido y dinámico que se reproduce y modifica de modo duradero sin plan alguno. Los gobiernos y los partidos hace ya mucho que en un sistema así han dejado de «determinar las directrices de la política» o hasta de, como en las viejas metáforas fisiológicas, funcionar como cabeza, cerebro, sistema nervioso central del todo; a lo más intentan, para seguir con la imagen, algún tipo de control hormonal para impedir que las turbulencias degeneren en catástrofe. Incluso esa tarea parece que les resulta excesiva. Allí donde intentan arremeter frontalmente contra la resultante del proceso social no planeado, por regla general fracasan: «Políticamente esto», como suelen decir entonces los responsables de los partidos, «no es factible.»

Pero no sólo el Estado ha perdido capacidad para imponerse, tampoco el poder económico, a pesar, o quizá incluso a causa de lo altamente concentrado que está, es ya, como antes, monolítico y duradero. Monumentos económicos como los Krupp, dinastías como la de los reyes del ferrocarril y de los capitanes de industria se han convertido en anacronismos. Las grandes compañías multinacionales de hoy están en peligro, hasta de quiebra, por causa de imprevisibles desequilibrios, crisis, infiltraciones, *take-overs*, relaciones de propiedad fluidas o incursiones enemigas súbitas. De igual modo que el capital internacional se mueve incontrolablemente a diario alrededor del planeta en transacciones de billones y el valor de las divisas se establece estocásticamente en un experimento electrónico permanente, también el poder económico, corporeizado en medusas gigantescas, pero precarias, está sometido a una flotación no dominable, a una rápida sucesión de ascenso y descenso, de crecimiento y ruina.

En un régimen dinámico que se modifica sin cesar en hiperciclos autocatalíticos, hay sin embargo también zonas de inercia y de resistencia que los políticos y tecnócratas infravaloran por sistema. Hemos visto en Alemania Occidental y, lo que quizá es aún más desconcertante, en España, cómo se modifican las sociedades en brevísimos lapsos hasta en sus rasgos aparentemente incorregibles, hasta en su inconsciente colectivo (caso de que exista algo así); por otra parte hemos podido ver cómo fracasaban todos los intentos de nivelar su multiplicidad. También el cambio conoce límites, que se escapan a lo calculable. Así, por ejemplo, proyectos como la supresión del pan o de la escritura chocan con una resistencia difícil de explicar, pero evidentemente tenaz; sistemas parciales como las llamadas familias reducidas han demostrado ser, contra todas las expectativas, extraordinariamente resistentes.

Esta amalgama de aceleración y apatía, fluidificación y fuerza de la inercia hace al todo todavía más impenetrable. Es imaginable que esas ambivalencias hagan al proceso aún más vulnerable ante factores de influencia que, cuantitativamente minúsculos, puedan presentarse sin embargo en el momento decisivo y en el lugar adecuado. El rebasar súbito de un umbral crítico juega un papel cada vez más importante no sólo en ecología, sino también en política. Con ello adquiere nueva luz un viejo y penoso tema al que los marxistas dieron por liquidado hace largo tiempo: el «papel del individuo en la historia». La irrupción de un Saddam Hussein o de un Pol Pot puede costar la cabeza a millones de personas; cuando aparece un zar ilustrado las consecuencias son imprevisibles; si en la Casa Blanca entra un loco como inquilino, ya no necesitaremos rompernos la cabeza pensando en nuestro sistema de jubilaciones; y no nos atrevemos a imaginar lo que ocurriría si se apoderara de los medios de difusión el fundador genial de una religión. También quien no ha perdido el gusto de establecer hipótesis sobre el futuro tiene que tener claro que pueden ser derribadas, sin excepción y en cualquier momento, por un mínimo factor x que desencadene la fulguración.

La mayoría de nosotros seguramente podremos soportar con facilidad el final de la filosofía de la historia. Lo cual no significa que podamos pasarnos sin perspectivas de vida, estrategias, «planes». La consecuencia es que debe ser cada vez mayor el espacio existente entre las dos hojas de la tijera que son la comprensión teórica y la práctica vital. Si en lo que he intentado sugerir aquí (bastante superficialmente) hay algo de correcto, entonces de ello se deriva una actitud que ya no puede reclamar la condición de vinculante en un sentido general: cada cual estará pendiente de prestar atención a sus conjeturas, e incluso éstas estarán sometidas a una restricción inexpresada: actúo como si entre los futuros continuamente oscilantes pudiera encontrar el mío propio.

A riesgo de que se confunda con una confesión (y, como se sabe, las confesiones son interesantes únicamente para el que las hace), quisiera manifestar una de esas conjeturas. Considero que la flexibilidad, exigida y elogiada por todas partes, y poco a poco elevada al rango de virtud social cardinal, es una mala estrategia. El mero autómata social que reacciona sólo a estados presentes, no sólo pierde el último resto de control sobre su destino, también llegará siempre demasiado tarde. La liebre que va jadeando tras el erizo puede contar con seguridad con la burla de éste. Pero también la solución inversa sirve cada día menos. Quien piense que de lo que se trata es de combatir en solitario –como revolucionario o como conservador– y frontalmente al «sistema», es víctima de una ilusión, si mi descripción no es incorrecta, ya que una actitud así sólo tiene sentido si se dispone de una perspectiva de futuro objetivamente concluyente (si se conoce el «sentido de la historia»).

La cuestión de si hay que nadar con o en contra de la corriente me parece obsoleta porque presupone una insoportable simplificación. Más eficaz me parece la forma de actuar del que lleva un velero, que navega tanto con el viento en contra como de bolina. Aplicado a la sociedad, un proceder así requiere atención extrema y un estoico escepticismo. El que quiera alcanzar el objetivo, aunque sea inmediato, habrá de contar sin interrupción con mil magnitudes imprevistas, a ninguna de las cuales ha de confiarse. Pero se necesita algo más que presencia de ánimo. Nadie que quiera escapar a la idiocia de lo contemporáneo puede permitirse tener miedo al anacronismo. Una cierta obstinación que renuncie a las últimas razones no es perjudicial en esto.

Traducción de Ángel Repáraz

MÁQUINA DEL CLIMA

¡Falso! Es una cocina vieja
y no una máquina. Echa vapores,
hierve, arde y se hiela.
Caprichosa e incansable
es la cocinera procelosa,
permanece invisible, no le gusta que
le miren en los cacharros,
nos lava, rehoga y tuesta,
tormenta y espuma. ¡Oh,
ella cocina también sólo con agua
y gas!
        ¡Pobre ciencia,
que con flechas rojas y azules,
detectores, contadores y sondas
lee los posos del café!
Recetas secretas, según el estado
de las estrellas, dependientes de la bruma,
de la suciedad, del puré volcánico.
Puntualmente la cocinera saca por arte de magia
el arroz, el eneldo, la vainilla.
Imprevisible remueve el mundo
con su enorme cuchara.

Traducción de José Luis Reina Palazón

ASTROLABIUM

Tímpano, matriz y limbo:
palabras de latón pasadas.
¿Quién sabía ya con alidada,
araña y regla determinar la altura del sol,
horas bohemias y babilónicas
y la posición de las estrellas
con las simples manos?

En el planisferio la imagen punzada
de la esfera celeste. Acimutes,
almicantarates y horizonte
y sobre ella girando una red delicada
de finos hilos en cuyas puntas
se pueden ver Aldebarán, Rigel,
Antares y Vega. Interpretados
el zodíaco y el cuadrado de sombra
permiten calcular horóscopos y reconocer
la altura de las torres y las cimas.

Un calendario, un reloj estelar ingenioso,
un oráculo, un ordenador análogo,
que duerme en el museo – chatarra
para astrónomos que ya no ven nada.
Sólo los fallidos fantasmas de la pantalla
e interminables columnas de números.
Cada vez más profundo, en cada vez más lejanas
galaxias mira la ciega ciencia.

Traducción de José Luis Reina Palazón

TYCHO BRAHE

1546-1601

Se oculta tras ojos fríos y arrogantes, bajo el mondo cráneo,
este pálido tejido, sensible, un magma eléctrico. Caprichos
de la evolución. Véase el narval, por ej. Tiene dos incisivos:
ínfimo el uno, y el otro, siempre el izquierdo, crece retorcido,
y crece hasta metros y metros, estrías y rebordes
lo adornan, a la izquierda siempre, sólo a la izquierda.

Escarabeos, unicornios, mamuts: fauna quimérica. O tomemos
aquella alimaña: el Gran Señor con trece años se encoge de
[hombros
ante perdices, galgos y monterías; vuelve la espalda a su clase,
y los ojos al sol que se apaga. Desazón, fastidio,
lujo de precisión: sus criados cargan a través de Europa
un cuadrante; doce metros de diámetro, todo roble y metal.

Frota su nariz, mutilada en singular duelo a raíz
de altas cuestiones matemáticas: un áureo artificio.
Frota su carne rojiza en una gañana: once bastardos.
No hay tiempo para amar. Sí para el botín abstracto: saber
a todo precio. Por San Martín, en 1572, más rutilante que
[Venus,
centellea de súbito *(no daba crédito a mis ojos)*

BCas, la estrella tichoniana. Una supernova. Capricho
del cosmos. *También, pues, las eternas esferas celestiales
sufren cambios.* Santones europeos descifran el maleficio:
bodas de sangre, negra muerte, Armagedón. Pero él mide

cronométricamente, calcula sus márgenes de error:
[*De Stella Nova.*
Una quimera nueva y costosa: radioespéculos, caveas
[plasmáticas,

Big Science. Nueva Isla de Bienaventura: Venus en oresund,
las rocas blancas de Hven, una Citerea para la ciencia.
Antojos: cúpulas bizantinas, torres cilíndricas, astrolabios,
fastuosa relojería, imprentas, artilugios alegóricos.
Tan sólo la gran esfera armilar cuesta cinco mil rigsdaler.
El mamut, en cambio, se extinguió. Y unicornios ya no hay.

El rey de Escocia cena con el sabio. Abajo, en la mazmorra,
los cautivos aporrean las férreas rejas: ¡Atajo de gañanes!
Bajo la mesa, el bufón, un enano, escupe la verdad:
¡Los otros pasan hambre! Sordo rumor subterráneo,
vocifera el rey, carraspea el *fénix de la astronomía*, suave
chirriar del engranaje que impulsa la cósmica tramoya.

El sótano palaciego de Uranieborg es una jaula inmensa.
En veinte años, el Egghead graba 777 signos en su esfera
de metal bruñido: cada cruz un astro fijo, y cada astro
un vasallo ultrajado. Delirio de grandeza, hastío. Riñas
con el monarca. El divo abandona Dinamarca. Una
[caravana:
enano, sirvientes, alforjas y asistentes. Tablas planetarias

y ante todo los instrumentos. Se hicieron desmontables,
pues *un astrónomo debe ser cosmopolita; la ignorancia*
impide a los soberanos apreciar su valía.
Otro figurón acoge al figurón: Rodolfo de Praga.
Un río de oro, un río de huéspedes, una casa de locos
repleta de aduladores, curanderos, alquimistas.

Con el nuevo siglo llega a Praga un plebeyo, ocupa absorto
el puesto más bajo en la mesa. Un grosero, este Kepler.
Sin dinero, sin sextantes, ataca a su amo *cual perro rabioso,*
ofende y roba. Aquél, ávido de pompa hasta el último
[suspiro,
oro y carne, sucumbe en el delirio; éste, oscuro y metódico,
descifra los datos, alumbra inmejorables ecuaciones

y extingue por los siglos la luz del muerto. Dos mutantes.
Saber quimérico, sin saber por qué. En la materia gris
pulsa la evolución. Caprichos albumínicos. Unicornios.
[Véase
el narval, p. ej., y su incisivo. Las explicaciones nuestras
no tienen consistencia. Un arma: ¿contra qué? Un
[instrumento:
¿para qué? ¿El enser de un ritual que no conocemos?

Traducción de Kim Vilar

CHARLES MESSIER

1730-1817

M. Una letra *M* en las cartas estelares: *M 42*
en Orión; *M 57* la niebla anular de Lira; las Pléyades,
M 45; y el Astro Nuevo de los chinos, la supernova *M 1:*
nubes de gas incandescente, bombas cósmicas, radiaciones.
¡Al-Sûfi, halcón celeste! ¡Swedenborg, soñador galáctico!

Y él en cambio tan sumiso, pulcro y anodino.
Muerto de hambre. A París con veintiún años,
su *bonita caligrafía* y nada más que reseñar.
Quinientos francos al año, cama y comida.
Copia para Delisle los planos de Pekín

y sus bocetos de la Gran Muralla China.
Un ignorante. Dieciocho meses busca en vano
su primer cometa: error en los cálculos de Halley
(perturbaciones por la masa de Júpiter).
Y el Rey le apodó más tarde el *hurón de los cometas.*

Una vez su mujer le ocupó la noche entera:
agonizaba. Y derramó lágrimas amargas
por el cometa abandonado. En Londres, entonces,
construía el viejo Herschel enormes refractores,
y él, sin teoría, velaba con un candil. Un ignorante.

Con buena vista y reloj casero. Un pequeño cuadrante
y un mísero telescopio (siete pulgadas). Ni más, ni menos.
No dormía. Sólo buscaba. Eclipses, manchas solares.

En una noche de otoño, hace dos siglos ya,
divisó en Tauro un fulgor cercano a Zeta.

Un cometa que no lo era, pues no se movía.
Le irritaba el hecho, una galaxia. Miraba,
anotaba y no entendía. Vocal de la Royal Society,
académico de Petersburgo, Berlín, Estocolmo, y por último
París. Un contable, un copista. ¡Y qué ciego era!

Desfiles y procesiones bajo su ventana, cortejos
nupciales y entierros. Por la rue Saint Jacques
la Historia vociferaba. Chillaban rameras, sonaban tiros,
los discursos se inflamaban y se extinguían: amor, valor,
[terror.
Ciego y sordo. Su pluma raspeaba. El aceite escaseaba.

No lloró al rey decapitado, ni a los taberneros,
lavanderas, raterillos, sablistas y banqueros
tronchados por la cuchilla fría. Los astrónomos
huyeron. Sólo a uno encontró: Bochard de Saron,
amigo de Laplace. Olía a orines la Conciergerie.

Aún le calculó, con el pie ya en el cadalso,
la órbita de un cometa. Regresó inadvertido
sin sueldo, sin sueño, con gota, al Hôtel de Cluny.
Oscura la ciudad. Miedo, hambre, usura, inflación.
Silencio quince minutos, y vuelve a rasguear la pluma.

Catalogue des nébuleuses et des amas d'étoiles
que l'on découvre parmi les étoiles fixes. Pesado,
tenaz, suave e incomprensivo como un niño.
Sólo una letra nos lo recuerda. M fue
un ignorante. A dos millones de años luz

una galaxia transita más lenta que nosotros.
M 31. La puedo ver a simple vista, si me deja
la sucia niebla, si me deja el esplendor
de Manhattan y la Historia, diminuta, al Norte,
en la Andrómeda, entre Mirach, Sirah y Chedir.

Traducción de Kim Vilar

PREGUNTAS A LOS COSMÓLOGOS

¿Si primero fue la luz
o más bien la oscuridad;
si en un algún sitio no hay nada
y si de algo,
si continuáis así,
queda algo,
de la buena materia vieja,
excepto una sobredosis de matemáticas?

¿Me podríais decir,
si os dais por satisfechos
con 22 dimensiones
o deben ser unas cuantas más?
¿Si el más allá es un agujero de gusano
y para cuántos universos paralelos
tengo que estar dispuesto?

Respetuoso escucho
vuestros cuentos exactos,
sumos sacerdotes.
Tantas preguntas. ¿A quién
si no a vosotros,
últimos mohicanos
de la metafísica,
debo dirigirlas?

Traducción de José Luis Reina Palazón

TEOLOGÍA CIENTÍFICA

Probablemente es uno de muchos.
Estará cansado, a veces,
distraído. Difícil trabajo,
todas estas series de experimentos,
más que incontables. Sí,
en principio lo sabe todo,
pero naturalmente no se puede
preocupar de los detalles:
reactores que se recalientan,
nubes de plasma, campos relativistas.
Finalmente no somos los únicos.

Sólo después de una eternidad
toma de nuevo la prueba en su mano.
En su enorme ojo
se refleja nuestro universo.
Pero entonces ya hemos pasado.
Lástima. A lo mejor le hemos
interesado, desde el punto de vista
puramente científico.
Una novedad, sólo que no muy
resistente, inadvertida,
porque él estaba ocupado de otro modo,
este Dios. Se quedó dormido al crearnos.

Traducción de José Luis Reina Palazón

IV

BIBLIOGRAFÍA

Esto está escrito para ti.
Circunvoluciones bajo las cortezas,
escritura temblorosa detrás de las sienes,
caminos de hormigas.

Eso no es arte.
Circuito impreso,
comunismo
de los polipéptidos,
prímulas electrónicas,
alondras, dirigidas por programas.

Toma y lee,
viejo suicida.

Manifiestos genéticos,
permutaciones, trino.
Cada cristal un chef d'œuvre.
Construir ojos de libélulas
no es un arte,
pero los imperios están construidos simplemente.

Esta ortiga podría ser de Proust:
sistema de retroalimentación de segundo grado,
ultraestable.

Hasta que el libro te llega a las manos
ya tal vez ha

oscurecido demasiado
para leer.

Si las libélulas
saldrán adelante sin nosotros
no lo sabemos.
Es de suponer.

Tira el libro
y lee.

Traducción de José Luis Reina Palazón

CARL VON LINNÉ

1707-1778

Una locura distinta a la nuestra: la locura de un clásico.
Clara, seca y lacónica. Todo era mucho menor antaño.
Él era casi un enano, *nervioso, inquieto, turbulento,*
pero su mirada ambarina bajo la pesada peluca
era fría y penetrante: *Cualquier rasgo ocasional*
debe ser desechado. Coleccionar, determinar, denominar.
Todas las oscuras analogías han sido sólo fraguadas
para oprobio de la Ciencia. Escalpelo terminológico, en carne
[viva
de un mundo ciego y convulso, para descortezar lo Siempre
[Igual.

Inventarios, nomenclaturas, repertorios. La Naturaleza
como un *rectángulo intemporal,* como una trama estática.
Grabados coloreados, genealogías, tablas de leyes.
En el bullir de los fenómenos, aquel lenguaje cuaja.
Gramática de lo mensurable: *Del grosor de un cabello,*
hundido como un ombligo, en forma de vulva,
revuelto como una oreja. Categorizante, minucioso
y «trascendente». Día y noche trabajando, dispuesto
a no perder un minuto mientras siga en Uppsala.

En un adusto país, en el más tiñoso ochocientos:
amarga juventud, sin blanca, tacones torcidos,
comer de prestado, dormir en cama fría, carreras
tras títulos y doblones. Y al fin la evasión a lo inhóspito.
Donde casi nada vive, él casi despierta a la vida.

Laponia 1745: *Verano e invierno vistos en un día, caminar a través de nubes, a la busca del fin del mundo, el albergue nocturno del Sol.* En el páramo florece su reseco corazón. Musgo, renos, tundra, libertad polar. Y vuelta al mundillo cortesano, los jardines y gabinetes. Pesadillas infernales, manías, tinieblas «trascendentes». En los ojos ambarinos destella la locura. Inmóvil. Al fin catedrático, médico de S. M. la Reina *(una mano* [*certera* *para tratar dolencias de pecho),* presidente de la Academia. Estrella polar sobre negro fajín. Es ya tarde para todo. *Melancolía, hosquedad,* murrias noches en invernaderos, y luego ataques en serie. Sus cuatro últimos años vegeta semiparalítico, *tristemente postrado de cuerpo y alma.*

Nadie sabía *que él, que tantas huellas de la Providencia había encontrado en el mundo natural, luengos años hacía que reunía análogos ejemplos de los destinos humanos;* hasta los milagros y pecados se someten a la taxonomía. Manía persecutoria, alucinaciones. Junto a la *histoire* [*admirable* *des plantes,* la historia natural de enfermedades y vicios: *Némesis divina,* el libro nocturno escondido en un estuche, lleno de indicios, augurios, presagios, lectura para [Strindberg. Teología empírica. El investigador es un espía de Dios.

Todo tiene su orden: piromanía lascivia *infanticidio* traición perfidia y envenenamiento. *Melandro, Doctor en Teología,* [*maquina* *intrigas en el Consistorio, y a las seis en punto de la tarde cae su cabeza sobre la espalda. Se desploma, se lo llevan, nunca verá ya el día de su curación.* Dios: rectángulo intemporal, su justicia, una trama estática: pena de muerte abrasamiento

defenestración decapitación. *Señora Psilanderhjelm, impúdica,*
se acuesta con caballero de Estocolmo. Enferma de las entrañas,
muere al poco. La abren, en vez de criatura hallan una piedra.

Y todo queda claro. El cuerpo del pecador se pudre en vida.
Modo de vida relativamente uniforme. Los correctivos
son coleccionados, determinados y denominados.
[Minucioso, «trascendente»,
como la mecánica de reproducción: estambre borlilla y
[polen,
ovario estilo y estigma. *Systema sexualis:* manía fatídica.
No existe la vida; sólo existen seres vivientes.
Achicándose cada vez más, el gran viejo, ensimismado,
[inmóvil,
va en pos de venganza divina, lógica. «Trascendente.»
Intrascendente. «Trascendente.» En su delirio «nosotros» no
[aparecemos.

La flor que lleva su nombre, Linnea borealis L.,
es imperceptible, pequeña, y casi del todo blanca.

Traducción de Kim Vilar

LAZZARO SPALLANZANI

1729-1799

El abate, un hombre de genio, *mentón pequeño y ojos cortantes,*
vehemente y azogado, rollizo empero, sube a la cumbre del
[Vesubio
y escarba en el cráter para proveer de lava fresca

su horrible gabinete, donde guarda redaños y abortos
y gusanos en frascos, donde apesta a alcohol y carne podrida.
Hedores de azufre se mezclan a los rancios miasmas.

Desentraña cuestiones hasta entonces jamás pensadas.
Para extraer respuestas actúa con eficacia: con eficacia
clava tenazas, agujas candentes y estiletes. ¿En qué

dirección vuela el murciélago cegado? Los sesos de ternera,
los músculos de perro muerto, los pulmones de mujer
[anegada
respiran horas todavía bajo la campana. *¡Eureka!*

Grité subyugado por tan feliz sorpresa. Ampútese
la salamandra, aléjense las necrófagas moscardas
y ampútese, ampútese, ampútese y ampútese de nuevo.

¿Crecerá la cola, las piernas o la quijada tras la quinta vez?
Cortar en cinco pedazos, de largo y de través, la lombriz de
[tierra.
Verifíquense con cuidado los efectos subsiguientes.

Cuanto más profundicéis en la lombriz de tierra,
más fecunda en maravillas la encontraréis, y acabará siendo
tan fascinante que se dirá: nada más bello y nuevo.

Sus polémicas infunden pavor. Rencor despiadado, veneno
en los apostillados. Como alacranes se acechan los sabios,
muerden por sorpresa y disfrutan mezquinos en su triunfo.

Reflejo experimental: *De las funciones digestivas del hombre*
y distintas especies animales. Tómese una esponja a un hilo atada,
ingiérase y extráigase de sí mismo el jugo gástrico.

Extírpese el estómago a un gato recién cebado, átese,
sumérjase en agua tibia y demuéstrese así palpablemente
la digestión de los cadáveres. *Nada puede haber más bello.*

Un siglo ilustrado, pero lleno de carroña y moscas.
Es un maníaco sexual. Copula sapos con lagartijas.
Uniones monstruosas. Destripa hembras y arranca los ovarios,

extrae leche de machos apiolados: reproducción con
[muertos.
Tan sorprendente espectáculo inspiró mi fantasía.
(Réaumur construye en París, el mismo año, una *madre*
artificial.)

Masturba a un perro, inyecta a una perra el esperma.
Puedo decir en justicia que me deparó un placer
jamás vivido. El animal parió. (Pronto seguirá una mujer.)

Rollizo, vehemente y azogado, mentón pequeño. Datos
que dicen tan poco como la náusea que sentimos.
Hedor de gelatina rancia, mucosidades verdes en la redoma,

acceso de la feliz *sorpresa* y moscas sobre el enser pegajoso. Con eficacia avanza tenazmente en su tarea el hombre, una especie progresiva y jubilosa. *¡Eureka!*

Verifíquense con cuidado los efectos subsiguientes.

Traducción de Kim Vilar

CHARLES ROBERT DARWIN

1809-1882

El hombre que nunca quería.
Sentía mareos de pisar la Tierra.
«Genial», «innovador», «apabullante», «un titán»:
él no quería. Desde un principio
se resistió por todos los medios.
Náuseas, migrañas, hipocondrías.

La escuela, *simplemente en blanco.*
Disimula, afecta mediocridad, pereza.
Los estudios: *insoportables, pesados, repulsivos,*
tiempo en vano. No comprende las matemáticas,
no retiene los clásicos, *como un cerdo de ignorante*
en Historia, Política y Filosofía moral.

Se supone que va a ser médico:
no puede ver sangre.
Lo quieren meter a cura:
no sabe latín.
Un negado. De todo se desentiende,
vacila, elude consecuencias,
le faltan codos y coraje.

El matrimonio: *un despilfarro de tiempo.*
Los hijos: *preferibles a un perro.*
Rehúye las diversiones:
son lo peor, lo más *horrible.*

Y su famosa vuelta al mundo: casi a contracorazón
casi por error. Yace a bordo
sobre la mesa de mapas horas enteras.
Vértigo, inapetencia.
Reúne pruebas, datos, muestras.
Las convicciones se las guarda.

Un buen día lee a Malthus
(por pasar el rato): palpitaciones,
escalofríos, y en el cerebro
una tormenta eléctrica. No hay más
escapatoria. De ahí a la evolución:

nace *El origen de las especies,* se desarrolla
«de manera natural», irrefrenable,
una especie nueva de ideas, todo un proceso
de trituración del triturador, continuo,
lento, tenaz, despiadado.

Transige, contrae matrimonio,
se retira a un pueblo sosegado,
elude viajes, visitas, riesgos:
se jubila con treinta y tres años.

Mi mente parece que se ha mutado
en una especie de máquina que tritura datos
y los transforma en leyes generales.

Siete años la *Estructura y distribución de los corales.*
Veintiuno, los *Hábitos y movimientos*
de las plantas trepadoras y similares.
Ocho más para los *Percebes y demás cirrípedos*
(dos tomos los vivientes, dos más los fósiles).

La piel genera un duro cascarón
que protege al ser igual que una armadura.
Por lo que hace al resto de mi vida,
no tengo nada más que reseñar,
fuera de la publicación de libros.

Programa diario: máximo cuatro horas
de trabajo, y visita luego al plantío.
Larga siesta, envuelto en la bufanda,
sobre el sofá. Cambiarse. Cena y velada:
alguien toca una sonata al piano.

Va pronto a la cama. No puede dormir:
Pasaba malas noches generalmente.
Yacía con los ojos abiertos o se sentaba.

(A cien leguas de allí –en línea recta–
otro inválido, de mala gana y sin reposo
trabaja en pro de la subversión: dolencias
de hígado, náuseas, forunculosis, *lacio*
como una mosca, sin sueño, martirizado
por *la exorbitante deyección de sangre.*
Soy una máquina condenada a deglutir
libros y más libros, para más tarde
deponerlos como abono
en el estercolero de la Historia.)

Detalles interminables, acumulados como polvo de coral
en cajones, carpetas, registros.

El pobre diablo –comenta su jardinero–
no da golpe, y se pasa los minutos
mirando pasmado un girasol.

Si tuviera algo que hacer,
no le iría tan mal.

Atrofia dolorosa, una sensación
de estar del todo marchito
menos para la ciencia,
y es peor aún:
a ratos llego a odiarla.

No quiere, nunca quiso, y sin embargo
inmola su vida entera a «la Naturaleza»,
y todo su vil despilfarro, sus burdas chapuzas,
su asquerosa crueldad: de forma metódica
como un contable, como una lombriz.

La formación de tierra vegetal
por obra y acción de las lombrices.
Un examen de los hábitos de éstas.
Su importancia en la Historia de la Tierra
es insospechable. Su musculoso estómago
tritura la tierra. Así hacen humus a toneladas
de forma tenaz y silenciosa.

Traducción de Kim Vilar

LO SIMPLE QUE ES DIFÍCIL DE INVENTAR

¿Nada tengo en contra del microprocesador,
pero cómo estaríamos sin agua?
¿Qué es una sonda de Júpiter
comparada con el cerebro de una mosca?
¡Cómo se esfuerzan
esos ratones de laboratorio con la clonación!
Mucho mejor es follar.
¡Y el diente de león sobre todo,
cómo se lo monta: graciosa
elegancia insuperable!
Nunca en la vida,
queridos premios Nobel,
reconocedlo,
habríais inventado nada así.

Traducción de José Luis Reina Palazón

GOLPISTAS EN EL LABORATORIO

Sobre la más reciente revolución en las ciencias

Todavía no hace tanto que muchos lamentaban la pérdida de las utopías, que desde su invención han representado el maná celestial para la parte pensante de la humanidad. Del mero desear feérico se distinguen estos proyectos de mejora total de nuestros destinos por su configuración racional. Todas las utopías fueron, sin excepción, cianotipos europeos para erigir sociedades ideales en las que ya no llevara la voz cantante el viejo Adán, sino el Hombre Nuevo. Todos los intentos de realizarla acabaron antes o después en la resaca; así, recientemente, *anno mirabili* 1989.

Por la psiquiatría se sabe con qué facilidad una fase depresiva puede darse la vuelta y convertirse en una maníaca, y al revés. Hay razones para sospechar que tales cambios repentinos no sólo son observables en pacientes individuales, sino también en grandes colectivos. En los años setenta y ochenta del siglo pasado parecía predominar la depresión. Por todas partes se experimentaron escenarios de la ruina. La Guerra Fría y sus bloqueos y conflictos entre subalternos habían llevado a la parálisis de la política mundial. Se perfilaban catástrofes ecológicas de todo tipo. El Club de Roma profetizaba el agotamiento de todos los recursos finitos en el plazo más breve. Se hablaba del invierno nuclear. El ambiente apocalíptico se extendía no sólo en la pantalla de las películas de Hollywood o en la del televisor.

Es evidente que las sociedades occidentales mostraron una alegría demasiado prematura por la ruina. Ya mucho antes del cambio de milenio se abrió paso la fase maníaca. Esta vez no fue la filosofía de la historia la que presentó promesas de salvación; ningún partido, ninguna ideología religiosa entró en liza con un nuevo proyecto de humanidad; al contrario, el colapso del comunismo dejó un vacío ideológico que no pudo llenar ninguna izquierda, vieja o nueva.

Las nuevas promesas utópicas llegaban de los institutos de investigación y de los laboratorios de ciencias positivas, y no pasó mucho tiempo hasta que un fantástico optimismo dominó la escena. Casi de la noche a la mañana regresaron todos los motivos del pensamiento utópico: la victoria sobre la totalidad de las deficiencias y miserias de la especie, sobre la estupidez, el dolor y la muerte.

De pronto muchos empezaron a decir que era sólo una cuestión de tiempo que las mejoras genéticas del ser humano alcanzaran el objetivo, que se aboliera la forma arcaica de procreación, nacimiento y muerte, que los robots hicieran desaparecer del mundo la maldición bíblica del trabajo, que la evolución de la Inteligencia Artificial pusiera término al fastidioso ser deficitario. De este modo, antiquísimas fantasías de omnipotencia hallaron un nuevo refugio en el sistema de las ciencias.[1]

En modo alguno es afectada por esto la totalidad de la producción del saber. Cada vez más claramente se dibuja la posición hegemónica de unas pocas disciplinas que disponen de recursos tan esenciales como el dinero y la dedicación, en tanto que otras, como la teología, el estudio universitario de la literatura, la arqueología y, lamentablemente, también la filosofía, desempeñan tan sólo un papel marginal, por no decir decorativo. Son toleradas, hasta estimadas, precisamente a causa del carácter inofensivo que se les atribuye por parte del Estado y de la economía. En esta situación con seguridad no cabe esperar de ellas promesas utópicas.

También ciertas disciplinas científicas como la geofísica o la meteorología llevan una existencia más bien modesta a la sombra de las llamadas ciencias rectoras. Este papel correspondió en el siglo XX a la física teórica. Entretanto la biología, junto con las ciencias de la cognición y de los ordenadores, ha ocupado su puesto. «No sólo ha borrado la separación entre investigación básica y aplicada, también es la ciencia simultáneamente capitalista y revolucionaria *par excellence.* La biotecnología es la tecnología base del próximo gran ciclo económico» (Claus Koch).[2]

Que modificaciones tan profundas del sistema científico no pueden dejar de ir acompañadas de pretensiones ideológicas, parece claro. Si antes correspondía a los chamanes y milagreros la eliminación de todos los males, hoy en día es tarea de biólogos moleculares y especialistas en genética, y de la inmortalidad ya no hablan los sacerdotes, sino los investigadores.[3]

Las nuevas utopías se exhiben a la opinión pública en campañas sin precedentes. No es por azar que sean científicos americanos los que aquí levanten la voz. El optimismo endémico, la conciencia misionera y la posición hegemónica de la superpotencia Estados Unidos proporcionan el trasfondo ideológico. La buena y antigua fe en el progreso, de la que todavía hace poco nadie quería saber demasiado, experimenta así una resurrección triunfal.

No todos los científicos pueden o quieren encariñarse con su nuevo papel de salvadores, que contradice todas las tradiciones del «escepticismo orgánico» (Robert Merton),[4] de la teoría probatoria y de la sobria prudencia. Desde luego que la situación objetiva de las instituciones científicas se ha alterado radicalmente en un tiempo muy breve. La distancia entre la investigación y su capitalización económica se ha acortado a tal extremo que ya no queda mucho de la independencia de que hace gala la ciencia.[5]

Las colosales inversiones realizadas en la investigación tienen que arrojar beneficios tan pronto como sea posible;

de este modo hay estudiosos celosos de su autonomía que se hacen partícipes y empresarios en el complejo científico-industrial, de crecimiento vertiginoso, y ocupan a abogados de patentes, bancos de emisión, gurús bursátiles y agencias de relaciones públicas.[6] Los flujos de dinero, ya sea como capital en acciones o como subvenciones, agudizan la lucha competitiva y la presión ejercida por los medios. El que no quiera estar en inferioridad desde el principio tendrá que prometer más de lo que puede cumplir.

Una fase maníaca, como se sabe, se distingue por pérdidas sistemáticas del sentido de la realidad. Así pues, no sorprende que las experiencias históricas con la utopía sean reprimidas y que no se tome nota de las quiebras que se han producido. ¿No se consideraba el «materialismo dialéctico» en la Unión Soviética fundamento científico irrefutable, por no hablar de las fantasías eugénicas del premio Nobel H. J. Muller? ¿Quién se acuerda todavía de las promesas de dicha de la industria atómica en los años cincuenta y sesenta? Las centrales nucleares era vistas como la clave para la Jauja de la energía, sin que se previera ningún tipo de problemas derivados. ¿Y cómo están las cosas con la Inteligencia Artificial, cuyos profetas hace ya treinta años prometieron máquinas para el cambio de milenio que superarían con mucho el rendimiento de nuestro cerebro? Nadie compara estas predicciones con el pobre resultado de inversiones de miles de millones, esas tortugas electrónicas que tienen dificultades para superar una escalera. Y mientras los medios saludan con titulares cualquier progreso, en especial los de la investigación médica, los riesgos y efectos secundarios –mientras no adquieran dimensiones catastróficas–, perjudiciales para los negocios, se reducen a un noticia marginal en las páginas de ciencia del periódico.

Después de todo esto parece insuperable la incredulidad del público y la incorregibilidad de los deseos. Cada vez es más difícil separar la *Big Science* de la ciencia-ficción. Desde luego no es fortuito que una parte de la actual generación de investigadores, particularmente en los Estados Unidos, defina su horizonte cultural mediante series televisivas como «Star Trek».[7] Sería cometer una injusticia con el género si se le supusiera el optimismo abominable de la fracción Frankenstein, puesto que hace tiempo ya que en la historia de la ciencia-ficción es dominante aquella parte de las utopías negativas que pinta en la pared todos los imaginables horrores del futuro. No puede sorprender que los evangelistas de la Inteligencia Artificial, de la técnica genética y de la nanotécnica prefieran una lectura con un solo ojo de esas visiones.

Claro que en una fase maníaca, caracterizada precisamente por los desfallecimientos, es natural que las protestas y las objeciones no produzcan un efecto duradero. También la política resulta ser impotente e indecisa frente al complejo científico-industrial cuya estrategia es sencilla: por rutina tiende al *fait accompli* con que la sociedad ha de conformarse sin más, independientemente del aspecto que tengan los hechos consumados. Con la misma rutina se despacha cualquier contradicción como ataque a la libertad de investigación, como hostilidad a la ciencia y la técnica contraria al espíritu ilustrado y como miedo supersticioso al futuro.

Esto son declaraciones de autoprotección y mentiras que ocultan su intención, y a ellas nos tienen acostumbrados los políticos de partido y los grupos de presión. En una discusión racional no tienen nada que hacer. Desacreditan al que las aduce como argumento. Pues sucede que no son sólo en absoluto los ignorantes o los despreciadores de la ciencia los que se enfrentan con desconfianza a las sensacionales promesas de la utopía. Quien quiera convencerse de ello sólo necesita pasar una tarde a solas con investigadores competentes de otras disciplinas, y advertirá que al cristalógrafo, al astrofísico, al topólogo les es profundamente desagradable la arrogancia altiva de sus colegas. También en las ciencias biológicas hay una mayoría silenciosa que ve peligrar su autopercepción profesional y sus estándares, si bien presenta sus reparos tan decentemente que apenas encuentra audiencia en el ámbito público de los medios de difusión.

Nunca falta en este rapidísimo desarrollo la referencia a las intenciones filantrópicas de que han hecho gala todos los proyectos utópicos, de Campanella a Stalin. El cultivo de almacenes de piezas de repuesto humanas se considera imperativo terapéutico, el disco duro garantiza la inmortalidad de la conciencia, el deseo de los niños es representado como derecho humano absoluto, etcétera, etcétera. El interés de los padres en hijos perfectos, desde luego demasiado comprensible, ha de favorecer la evolución de la especie, e incluso la abolición del ser humano con la que fantasean los representantes más destacados de la Inteligencia Artificial, sirve aún a un objetivo evolutivo más elevado, lo que por otra parte representa una versión del darwinismo que el mismo Darwin habría encontrado apenas divertida.

En todo caso, la fantasía no conoce fronteras.[8]

Luego se descubre el pastel, como muy tarde cuando a tales razonamientos se añade la preocupación por los sacrosantos puestos de trabajo y por la competitividad del «emplazamiento», un concepto que no en vano procede de la esfera militar.

En conjunto, esta forma de proceder se asemeja a una serie de frías tentativas golpistas que tienen la finalidad de tirar por tierra todos los procesos democráticos de decisión. La ciencia, fundida con la industria, se presenta como el poder superior que dispone sobre el futuro de la nación. Está a punto de producir una tercera naturaleza, un modo de proceder que en lo esencial discurre como un proceso natural, con la diferencia de que el necesario aporte energético no procede del entorno, sino del capital desencadenado. Los más gritones de entre sus protagonistas explican a quien quiere oírles que no están dispuestos en modo alguno a admitir limitaciones legales. Y declaran abiertamente que, en caso necesario y siguiendo el ejemplo de los que lavan dinero negro y los traficantes de armas, están dispuestos a continuar su actividad en lugares donde no se conozcan los escrúpulos y donde no haya que temer sanciones.[9]

Esta ofensiva va acompañada de quejas rituales sobre una deficiente aceptación por parte de esa opinión pública que, precisamente, no es consultada en ninguna de las decisiones relevantes, y sobre la avidez sensacionalista de los medios de difusión –justo como si no hubieran sido precisamente los charlatanes de las tecnologías del futuro los que han aprendido a instrumentalizar esos medios para sus fines.

Así, cada vez que un Parlamento se ocupa de cuestiones biopolíticas, por la televisión pasan pacientes dignos de compasión con extrañas enfermedades hereditarias. ¿Quién les negará la necesaria ayuda?[10] ¿Quién dejará de admirar a una industria que está dispuesta a invertir miles de millones para aliviar su suerte, aunque sea en un futuro lejano? No obstante, el imperativo terapéutico sería más creíble si aceptara el reto de enfermedades como la malaria o la tuberculosis, de las que año tras año mueren millones de personas sin que apenas se avance un paso en la lucha contra ellas. Aquí parece que juega un papel la muy citada ponderación de bienes. Esto hace sospechar que la cuestión en disputa no es tanto el juramento hipocrático como un proyecto con muchísimo más porvenir: la modificación de la cría de la especie.

El concepto de responsabilidad, en política ya muy desgastado, se ha convertido aquí en puro espejismo. Esto vale no sólo para los charlatanes y estafadores del ramo, a quienes de cualquier modo es ajena la idea de que tengan que apoyar algo con razones o incluso responder de ello. El problema no puede reducirse a las tan citadas ovejas negras, puesto que también hay científicos que se atienen a los estándares estrictos de su gremio y que no están en condiciones de hacerse responsables de las consecuencias de su actuación. La razón es que esas consecuencias son por principio imposibles de prever. Aun cuando ya nadie pueda reivindicar para sí la inocencia histórica del monje agustino Gregor Mendel, hoy cualquier matemático rechazaría con todo derecho como un agravio la pretensión de que examinase todos los resultados de sus investigaciones antes de publicarlos, con vistas a las aplicaciones que podrían encontrar en el futuro los militares o las organizaciones criminales.[11] Incluso el más insignificante de los conocimientos científicos es, mientras existan las actuales civilizaciones, irrevocable y genera una incontrolable cantidad de consecuencias desagradables. Por el contrario, y con igual derecho, los defensores del complejo científico-industrial remiten a la total dependencia de esta civilización de los frutos de la investigación pasada y actual. Que nadie, con la excepción de los miembros de algunas sectas, esté dispuesto llegado el caso a renunciar a los helicópteros de salvamento, a los espintomógrafos de resonancia nuclear o a los antibióticos es la otra cara de estos procesos inevitables.

Ya por estas razones las discusiones habituales sobre política biológica y tecnológica, con independencia de sus cualidades escolásticas, producen la impresión de ser algo extrañamente ingenuo y desvalido. En los comités, las comisiones y los consejos de expertos que proliferan por todas partes llama la atención que apenas puedan oponer otra cosa que no sean sus correspondientes opiniones ante la fuerza de lo fáctico, que impone sus propias normas a diario. Mientras unos se presentan como meros representantes de sus grupos de intereses, otros intentan salvar lo que se pueda con razones cambiantes. Tampoco el legislador, indeciso entre reservas profundamente arraigadas y los imperativos de la competencia global, es capaz de algo distinto de las decisiones *ad hoc,* que en el momento de ser pronunciadas son ya sobrepasadas por nuevas posibilidades de intervención de la ciencia.

El hecho es que ya no existe en absoluto un consenso ético en las cuestiones fundamentales de la existencia humana. Los debates sobre la llamada eutanasia activa y sobre las posibilidades de la selección genética debieran haber convencido de esta realidad hasta a la persona más dotada de buena fe. Con ello cualquier individuo se ve abandonado en una posición en la que ha desaparecido toda comodidad moral: hay toda una serie de decisiones existenciales que no puede delegar en instancia vinculante alguna. Ni en la política ni en las religiones establecidas podrá confiar cuando se trate de sus intereses vitales elementales. Aquí se producen demandas excesivas, y la mayoría de las personas difícilmente estará a su altura.

Y bien, mientras la persona individual tenga todavía la libertad de no hacer uso de los logros que promete el complejo científico-industrial, en una fase de transición por tanto, le queda la posibilidad abierta de decir «conmigo no». Cuando menos hasta ahora está permitido pasarse sin madres de alquiler, xenotransplantes, clones, selección prenatal y *chips* implantados en el cerebro.[12] Pero todo el que elija este camino de la legítima defensa ha de tener claro el precio de la renuncia, y también esto probablemente es muy fácil de decir.

Quien sin embargo imagine que decisiones individuales de este tipo van en la dirección de la tolerancia recíproca, quien crea que las ideas utópicas de muchos científicos y de sus aliados económicos se pueden imponer sin conflictos y sin violencia, es víctima de una ilusión. No sólo las inevitables decepciones que siguen como una sombra a la euforia de cada fase maníaca pondrán límites al fatalismo del progreso.[13] También allí donde la investigación industrial produce efectivamente éxitos, habrá que contar con serios conflictos. Como muy tarde cuando se muestren los primeros daños colaterales del proceso científico y sean visibles los grandes riesgos imprevistos, empezará a resistirse una minoría a la que se había impuesto el silencio. Es curioso que los protagonistas del proceso no estén preparados para ello en modo alguno. Después de todo tampoco hace falta mucha fantasía para predecir que los primeros retrocesos conducirán a movilizaciones militantes de las que Wackersdorf y Wendland dan sólo una pálida idea. Si los defensores de los animales son capaces ya de reacciones terroristas, ¿qué formas adoptará la resistencia cuando estén en juego no ya riesgos abstractos o luchas entre delegados, sino la propia piel, la procreación, el nacimiento y la muerte? Es perfectamente pensable que en tal caso determinadas investigaciones sólo resulten posibles en instalaciones de alta seguridad, y que haya una considerable cantidad de científicos que, encerrados como erizos en fortalezas provistas de armas, teman por su vida.[14]

Con ello no se está diciendo, naturalmente, que una minoría dispuesta a todo vaya a estar en condiciones de detener el proceso, o de hacerlo incluso retroceder. Al fin y al cabo la utopía del control total sobre la naturaleza y sobre el ser humano, como todas las utopías hasta el momento, no fracasará por causa de sus adversarios, sino por sus propias contradicciones y su manía de grandeza. Nunca hasta el momento se ha despedido la humanidad voluntariamente de sus fantasías de omnipotencia. Sólo cuando la *hybris* continúe su curso se impondrá por necesidad la conciencia de los propios límites, probablemente a un precio catastrófico. También entonces tendrá de nuevo una oportunidad una ciencia que podamos respetar y con la que podamos vivir.

APÉNDICE

La primera vez que se publicaron estas páginas produjeron un intenso eco. Al lado de un torrente de cartas de apoyo, en absoluto únicamente de no especialistas, sino también de competentes científicos, hubo vehementes reacciones de cualificados representantes del gremio, en las que llamaba la atención sobre todo el tono herido. No es raro percibir en ellas el acento de la inocencia perseguida. Es evidente que las estrellas de la investigación no están familiarizadas con las reglas de juego de los discursos democráticos. En este sentido se ha confirmado el diagnóstico según el cual cualquier contradicción se despacha rutinariamente «como ataque a la libertad de investigación, como hostilidad a la ciencia y la técnica contraria al espíritu ilustrado y como miedo supersticioso al futuro». Sorprende que precisamente una ciencia que en tiempos entró en escena como adversaria de los dogmas religiosos, adopte una actitud verdaderamente vaticana en cuanto se ve expuesta a reparos críticos. Para ello se hace uso de una autoridad especializada frente a la cual se considera injustificado tener dudas. Autoridades en la propia disciplina son despachadas como «ovejas negras», que hay en todas partes. Las dependencias de intereses financieros se niegan por principio, y contra toda evidencia se mantiene la ficción de una lógica pura de la investigación.

Por ello me parece necesario documentar en concreto lo que han manifestado con relación a estas cuestiones personalidades dirigentes en el ámbito científico; se citarán representantes de instituciones reconocidas en la gran investigación. De forma plenamente deliberada se recurre para ello a informaciones sobre las que no pesa ningún secreto y que resultan accesibles a cualquier lector de periódicos.

NOTAS

1. «Todos fuimos creados por el Todopoderoso, pero ahora somos nosotros los creadores... Tengo la profunda esperanza de que el primer ser humano sea clonado en Israel.»

Avi Ben-Abraham, médico que trabaja en reproducciones in vitro en Tel Aviv, en *Der Spiegel,* 24 de noviembre de 2002. El nacimiento del clon está siendo preparado en la actualidad por Ben-Abraham y la empresa Abaclon en Cesarea, al norte de Tel Aviv.

2. «Las ciencias no tienen un público que merezca ese nombre.»

Claus Koch en *Gegenworte. Zeitschrift über den Disput über Wissen* [Réplicas. Revista para la discusión sobre el saber], editada por la Academia de Ciencias de Berlín-Brandenburg, cuaderno n.º 3, primavera de 1999.

3. «Vamos a conseguir el poder sobre la vida y la muerte... La clonación terapéutica nos permitirá rejuvenecer nuestro cuerpo, mantenerlo en sus funciones casi indefinidamente. En eso estoy interesado personalmente. Siento que la muerte, aunque sea lejana, y al contrario que la mayoría de las personas, no es deseable.»

Ray Kurzweil, «Conversación con Jordan Mejias», en *FAZ,* 5 de julio de 2000. Kurzweil es uno de los más destacados representantes de la investigación sobre Inteligencia Artificial en el MIT.

«Una medicina extendida al plano molecular podría eliminar casi todas las enfermedades, reparar células infectadas de sida o cancerígenas y acaso hasta invertir los efectos del envejecimiento. Configurar un medio ambiente limpio sería casi un juego de niños.»

K. Eric Drexler, según Robert A. Freitas, «System Builders», en *FAZ,* 18 de septiembre de 2000. Drexler fue profesor en la Stanford University y en el MIT. Es Senior Research Fellow del Institute of Molecular Production y fundador del Foresight Institute (http://www.foresight.org). Información más pormenorizada de sus visiones se encuentra en *Engines of Creation* y en *Unbounding the Future* (junto con Chris Peterson y Gayle Pergamit). Según esto los llamados assemblers pueden obtener energía solar con costes increíblemente bajos, curar el cáncer y los resfriados habituales mediante un fortalecimiento del sistema inmunológico humano, liberar completamente el medio ambiente de materiales perjudiciales y fabricar superordenadores de bolsillo baratísimos, y casi todo a los precios más bajos imaginables, hacer además los viajes espaciales tan naturales como hoy lo son los intercontinentales y, en fin, volver a la vida a especies extinguidas.

4. Vid. Robert K. Merton, «Behavior Patterns of Sciencists», en Id., *The Sociology of Science. Theoretical and Empirical Investigations,* Chicago y Londres, 1973.

5. «Otro motivo apremiante para el desarrollo de nuevas tecnologías son las expectativas de beneficios económicos y bursátiles, que también lo impulsará en los próximos decenios. Aquí mandan Wall Street y New Economy... En un mundo de competencia es un imperativo emprender esos caminos.»

Ray Kurzweil, «El código del oro», en *FAZ*, 17 de junio de 2000.

6. A partir de las células madre del hombre, según las ideas de James A. Thomson, el mundialmente célebre experto de Wisconsin, y Oliver Brüstle, profesor de neuropatología de la Universidad de Bonn, se originará un gigantesco mercado de futuro para la terapia de enfermedades hasta ahora incurables.

«Quién ganará en ese mercado: he aquí la cuestión cuyos fundamentos se están poniendo actualmente. Hoy en día pueden ya sacar provecho de ello quienes hayan tenido la habilidad de establecer líneas celulares embrionarias. Así, Thomson ha protegido globalmente sus líneas celulares de embriones humanos con amplias patentes. A algún interesado se le ha dicho en Wisconsin: "Antes de que le permitamos el acceso al material tiene usted que transferirnos sus primeros cinco hijos." Los derechos son elevados, parece que WiCell, la empresa de Thomson, tiene participación en todos los beneficios futuros...

»(Oliver) Brüstle confiesa abiertamente que asimismo la importación de células madre embrionarias de Israel sería para él sólo una segunda elección. Porque tan pronto como estuviera acabado el trabajo académico con ello, deberían distribuirse los beneficios de los resultados. Es mejor, por consiguiente, disponer de las propias líneas celulares, y todavía mejor controlar todo el proceso desde el embrión humano, pasando por la obtención de células madre, y hasta la implantación de tejidos de repuesto en el cerebro de pacientes. ¿Una fantasía de omnipotencia? Puede ser, pero Brüstle la ha llevado al papel ya hace tres años. En la Oficina Europea de Patentes y a través del despacho de abogados Vossius de Munich, presentó el 18 de diciembre de 1998 una solicitud que entretanto ha recibido el número de registro EP 1040185. En la solicitud de patente reclama Brüstle derechos sobre todas las células y los procedimientos sobre los que tan intensamente se discute en Alemania... Es honrado y normal que los investigadores patenten los frutos de su trabajo... Pero la patente de Brüstle va mucho más allá: marca un claim a todo el sector de la obtención de células madre embrionarias y de su cultivo como células nerviosas, desde el cultivo celular hasta el cerebro del paciente, desde el ratón hasta el ser humano, desde los cultivos hasta el clon terapéutico.»

Christian Schwägerl, «Los espíritus que invocaron. Trasfondo del logro político del aprovechamiento de embriones – Una investigación de los investigadores», en *FAZ,* 16 de junio de 2001; también en *Biopolitik* [Biopolítica], Die Positionen [Las posiciones], ed. de Christian Geyer, Frankfurt, 2001, pp. 164-176.

«Jim Davis sabe lo que quiere: todo. "Todos los genes y todas sus variaciones, todas las proteínas y todas sus variaciones, todas las funciones, todas las posibles aplicaciones, y esto en todo el mundo." El vicepresidente de las Human Genome Sciences (HGS) de Maryland dice que no le gusta hablar de patentes y que prefiere que se las concedan. HGS es de las firmas que tienen una política de patente más agresiva en todo el mundo y de esa forma pone bajo presión a las demás para que hagan lo mismo o paguen derechos a las HGS. Davis nunca esperaría con una solicitud de patente hasta que sus investigadores hayan hecho un invento. "Cuando buscamos un agente activo, empezamos con cien o mil genes sin que sepamos todavía cuál de ellos llevará a un producto", dice. La conclusión, lógica desde su punto de vista, es la siguiente: "Intentamos obtener protección de patente para los mil genes." A cada equipo investigador de las HGS se adscribe por ello un abogado especialista en patentes, que continuamente formula solicitudes actualizadas sobre los procesos en curso. Lo que más le gustaría, dice Davis, es el "control completo" sobre los genes y las proteínas. Su sueño: "Todo el que quiera comercializarlos tendrá que pagarnos derechos." Las descripciones funcionales exigidas cada vez más por el servicio de control de patentes no son un obstáculo para Davis: si no hay datos duros, entonces se les daría por escrito a los controladores una "conjetura fantástica"... HGS ha obtenido ya 172 patentes para genes. Sobre el número de solicitudes guarda silencio.»

«Los devoradores de cáncer de San Diego. Cibermedicina y revolución del DNA: impresiones de la Bio 2000, la mayor feria genética del mundo, y un panorama del gran sueño de la curación universal.» Subtítulo: «Bandidos de las patentes.» En *FAZ*, 30 de junio de 2001.

7. Las novelas y las películas de ciencia-ficción se citan expressis verbis como fuente de inspiración por, entre otros, Moravec, Bill Joy, Rodney Brooks, Yudkowsky, Robert Freitas y Jeremy Rifkin. (Se citan, entre otros, a J. Verne, Isaak Asimov, Heinlein, la serie televisiva «Star Trek» de Gene Roddenberry, H. G. Wells, Kurt Vonnegut, Michael Crichton, William Gibson, Arthur C. Clarke y *2001 a Space Odyssey*, de Stanley Kubrick, y las películas *Matrix* y *Terminator.)*

8. «De todas formas es igual lo que la gente haga, porque pronto se la dejará atrás como al primer escalón de un cohete. Existencias desdichadas, muertes horribles y proyectos fallidos son constituyentes de la historia de la vida desde que hay vida en la Tierra. Pero lo que cuenta a largo plazo es lo que queda... ¿Nos interesa realmente todavía que los dinosaurios se hayan extinguido? En este sentido también el destino de los seres humanos carecerá por completo de interés para los robots altamente inteligentes del futuro. La humanidad será vista como un experimento fracasado.»

Hans Moravec, *Robot: Evolution from Mere Machine to Transcendent Mind.* Profesor de la Carnegie Mellon University y en el MIT.

(Igualmente el investigador de Inteligencia Artificial Marvin Minsky, MIT, el nanotecnólogo Eric Drexler y Max More.)

«En 2019 los ordenadores aprobarán el test de Turing, es decir, actuarán como seres humanos en una conversación cualquiera sin que sean reconocidos como ordenadores. Hacia el año 2029 podrá ser escaneado el cerebro humano y duplicado en un ordenador – el comienzo de una vida "eterna" con chips implantados.»

Ray Kurzweil, *The Age of Spiritual Machines*, Colonia, 1999.

9. «Pregunta: ¿Qué pasaría si el Gobierno federal le prohibiera a usted sin más el trabajo?

»Contestación: ... Con una reclamación de diez años ante el

Tribunal Constitucional no voy a cargar, eso es claro. O acepto una decisión democrática así, o me voy al extranjero.»

Oliver Brüstle, *FAZ,* 13 de junio de 2001.

10. «Antes no les gustaba a los sobrios científicos naturales y médicos que se les llamara visionarios o revolucionarios. Esto ha cambiado radicalmente, por lo menos para los investigadores que se trabajan con células madre. A la vista de las desenfrenadas promesas de curación reina entre la opinión pública una euforia tal que los argumentos críticos se perciben cada vez menos. El que dude de las promesas o presente objeciones éticas, sólo alargaría, como se oye y se lee con frecuencia creciente, el sufrimiento de los enfermos.»

Rainer Flöhl, «Células madre embrionarias: un mito», en *FAZ,* 5 de julio de 2001; también en *Biopolitik,* Die Positionen, ed. de Christian Geyer, Frankfurt, 2001, pp. 229-231.

«La investigación en células madre embrionarias humanas se justifica siempre con el beneficio económico que se ofrece en perspectiva. Se trata de utopías, ya que los beneficios económicos presuponen éxitos terapéuticos que hasta ahora no se han producido. Al contrario: los experimentos de terapia desarrollados hasta ahora han sido una serie de fracasos desoladores. Esto ha sido reconocido también por Bernd Wegener, de la industria farmacéutica: "En la actualidad se propagan... muchas tesis que no resisten un examen. Así, hasta ahora en ningún sitio ha sido en lo más mínimo demostrado que con la investigación en células madre embrionarias cuando menos en diez años pueda crearse algún medicamento." ... Nuestros pacientes merecen una presentación seria de los problemas médicos en lugar de promesas de curación. Algunos investigadores de células madre subrayan el valor de esas promesas con la perspectiva, del todo infundada, de éxitos en el tratamiento de la enfermedad de Parkinson, de la diabetes, de determinadas formas de epilepsia y de la enfermedad de Alzheimer. Esta justificación de proyectos científicos puede ser caracterizada en el mejor de los casos como poco seria. En otras épocas esas promesas curativas habrían significado el final de las carreras científicas.»

Volker Herzog, director del Instituto de Biología Celular de la Universidad de Bonn, *FAZ,* 7 de septiembre de 2001.

11. «Cuando unos científicos australianos modificaron el año pasado el virus variólico de los ratones, lo que en realidad pretendían era dar con un medio que por lo menos impidiera la propagación de esos pequeños mamíferos. Pero en lugar de la esterilidad apareció la muerte: el virus modificado con técnicas genéticas no sólo era mortal, también probó ser resistente frente a todas las vacunas. Sin quererlo, los científicos habían creado un arma biológica mortal que también se podía hacer entrar fácilmente en el virus variólico humano. Como tarde desde la publicación de los resultados en el *Journal of Virology* de noviembre los detalles de sus experiencias, disponibles además en Internet, eran libremente accesibles para quienes emplean las investigaciones de técnica genética asimismo con fines militares. Desde Rusia hasta la India, Pakistán y China, las cifras sobre el acceso al informe evidenciaron un interés que, manifiestamente, no era sólo de instituciones investigadoras civiles...

»Como Sudáfrica en los ochenta, parece que Israel trabaja actualmente en Nes Tsiona con armas genéticamente modificadas... Israel es un gigante de la biotécnica. También en el área de la investigación de células madre, para la que no existen allí limitaciones legales, está aquel país en cabeza, y la técnica genética se investiga en Israel no sólo por parte de civiles...

»También hace tiempo que se modificaron genéticamente baclos de carbunco en el laboratorio de antídotos biológicos de Porton Down; además, los hongos asesinos –propiamente creados en los Estados Unidos para su empleo contra cultivos de droga en América Latina– son de interés militar. Nunca ha sido tan sencillo como hoy desarrollar armas biológicas. Existe el peligro creciente de que se desdibujen los límites entre la investigación básica civil y la investigación ofensiva de los militares, ya que con el auxilio de la investigación básica los militares pueden también producir en las armas biológicas resistencias contra vacunas ya disponibles...

»Mark Wheelis, de la Federation of American Sciencists escribe sobre esto en un estudio sobre los peligros futuros de las armas biológicas para el International Information Security Service (ISIS) británico: "Los sistemas agrícolas se basan de forma creciente en monocultivos de poco espacio de plantas genéticamente idénticas. La alta concentración de plantas ofrece las condiciones ideales para la transmisión de enfermedades vegetales, y la semejanza genética de las plantas individuales hace fácilmente realizable el correlato agrícola de una etnobomba." En un futuro próximo se podrán asimismo crear según esto en los programas militares y en el contexto de los estudios sobre el genoma armas biológicas de nuevo tipo, que podrían tener por objetivo la destrucción de la base alimenticia de un país. En cualquier caso, Malcolm Dando, especialista inglés en armas B y profesor en la Universidad de Bradford, no hace mucho que en Dresde sustentó la siguiente opinión en una conferencia sobre el mal uso de la genética en las armas militares: "Teniendo en cuenta los desarrollos más recientes de la genómica, sería sin embargo irresponsable suponer que tales técnicas no van a desembocar en programas ofensivos actuales o futuros." No sólo Irak ha desarrollado hongos parásitos del trigo (del género teletia), roya del trigo o enfermedades del arroz y hongos como la Sclerotinia sclerotiorum, que tienen por consecuencia la putrefacción de plantas alimenticias... Especialistas como Dando advierten: "Los virus con que se experimenta se hacen cada vez más virulentos y patógenos, lo que hace que se empiecen a borrar las fronteras entre la investigación genética terapéutica y la investigación de armas biológicas de carácter ofensivo." ... Al júbilo por el desciframiento del genoma humano podría por eso seguir la ofensiva armamentista en el tubo de ensayo.»

Udo Ulfkotte, «Código genético exitus», *FAZ,* 19 de junio de 2001.

12. «Los investigadores implantan chips en tejido animal y humano y ponen a las neuronas en condiciones de crecer y de asociarse con los chips. La conexión neuronal directa entre hombre y máquina se hace realidad... Más adelante acaso sean obligatorios estos implantes... Con estos desarrollos nos convertiremos en seres mixtos compuestos de hombre y máquina.»

Rodney A. Brooks, «La carne y la máquina», en Frank Schirrmacher (ed.), *Die Darwin AG* [La Darwin S. A.], Colonia, 2001, p. 121 y ss.

Brooks es profesor en el MIT y director del Institute of Artificial Intelligence.

13. «La clonación según el modelo de la oveja Dolly está llena de perfidias. No es sólo que muchos animales nazcan muertos o con tales deformaciones que mueren a las pocas semanas. Es evidente que también muchos clones aparentemente sanos contienen defectos genéticos ocultos. Sobre esto informan científicos americanos que trabajan con Rudolf Jaenisch, del Whitehead Institute for Biomedical Research de Cambridge (Massachusetts), en la última edición de la revista *Science.*»

«La clonación comporta riesgos genéticos», nota breve en *FAZ,* 7 de julio de 2001.

«Establecer el papel de un gen en una red de interacciones sobrepasa la potencia de los métodos actuales. Cuando los intercambios epistáticos entre docenas de genes sean omnipresentes, posiblemente habrá que despedirse de otras emociones... El screening genético para las enfermedades crónicas promete resultar más bien dudoso, inexacto y enormemente costoso.»

Thomas Weber, «Sombras chinescas en el núcleo», *FAZ,* 22 de junio de 2001.

«Las experiencias acumuladas hasta el presente nos advierten que seamos cuidadosos. Ha habido pacientes de Parkinson que esperaban un alivio con el trasplante de células cerebrales embrionarias humanas y que sufrieron daños adicionales. Algunos pacientes a los que se administró esos preparados celulares, experimentaron serias perturbaciones del movimiento dos o tres años después. Uno de los médicos definió como desoladores los efectos secundarios irreparables...

»En conjunto, la terapia genética no ha satisfecho las expectativas con el hombre. Se ha experimentado demasiado pronto con seres humanos, poniendo así en peligro la vida. "Vuelta al laboratorio", fue entonces la divisa. Estas experiencias del desengaño no debieran ser olvidadas cuando se manejen células madre.»

Rainer Flöhl, «Células madre embrionarias – un mito», en *FAZ,* 5 de julio de 2001, también en *Biopoliyik,* Die Positionen, ed. de Christian Geyer, Frankfurt, 2001, pp. 229-231.

14. Puede considerarse precursor del bioterrorismo al llamado

UNA-Bomber, Theodore Kaczynski, con su campaña de terror que duró diecisiete años. Kaczynski era matemático. *(Drawing Life: Surviving the Unabomber*, Nueva York, 1997.)

«Por miedo a más ataques Smith se ha atrincherado en un bastión de investigación biológica en su instituto universitario de la periferia de Edimburgo. Estrictas medidas de seguridad en las puertas siempre cerradas con llave garantizan que en ese edificio público, de muchos pisos, sólo entren las personas autorizadas. Se intenta evitar todo lo que parezca mentalidad de búnker, pero el propietario de la casa no puede hacer desaparecer la impresión que tenemos de que aquí dentro están huyendo de algo, de que realmente han levantado barricadas.»

Joachim Müller-Jung sobre Austin Smith, profesor de medicina reproductiva en la Universidad de Edimburgo, *FAZ,* 8 de septiembre de 2000.

Traducción de Ángel Repáraz

PESO DEL ÁTOMO 12,011

Que eso que es negro o blanco o transparente,
duro o blando, que se tizna o brilla que
aquello con lo que cortamos, damos brillo, calentamos o
[escribimos
sea uno y lo mismo,

que eso pueda llevar a cabo 10^6 matrimonios diferentes,
formar panales, rejas, cadenas, anillos, ovillos,
cordones y tornillos, que lo respiremos,
con eso volemos, que con eso podamos asfixiarnos,

y que nada de lo que vive viva sin eso –
nadie, excepto aquellos que todo lo quieren saber,
habría caído en la cuenta y ahora no sabemos
lo que con eso que queríamos saber

debemos hacer.

Traducción de José Luis Reina Palazón

V

RED NEURONAL

Piensa en un árbol de baobab,
gigante rico en ramas,
y puéblalo en la imaginación
con miles de diminutos monos;
imagínate cómo trepan,
se balancean, cómo se agarran
entre sí, colgándose de rama en rama;
hasta que se dejan caer,
toman el viento, se juntan, están absortos –
¡piénsalo, oh pobre pensador!

Después saltan de nuevo,
rabiando veloces, pululando eléctricos,
vacilan y se precipitan;
o están allí sentados, simplemente así,
flojos y se rascan soñadores,
hasta el próximo ataque. – ¡Ay del que
quiera describir todo eso!

Ríe, horrorízate, maravíllate,
pero deja, antes de volverte loco,
de reflexionar sobre la reflexión.

Traducción de José Luis Reina Palazón

SISTEMA LÍMBICO

Es viejo, es blando,
no se comprende,
no sabe lo que significa limbus,
lo que es un sistema.

Entre las cavidades y el cuerpo calloso
un limbo, diminuto.
Hipocampo, cíngulo, amigdaloide:
una memoria oscura,
que no puede acordarse
de sí misma.

Incontrolable
controla
el miedo, el placer, el crimen y el vicio.

Sus lazos y fibras,
un árbol de cables
en lo hondo del cerebro
intra y extramural.

Corrientes ocultas, incendios sin llamas,
cortocircuitos.
Pequeños defectos
que escalan rápidos.

Un impulso en el mando
y es la venganza.
Una descarga eléctrica
y Amok se desata.

Unos billones de células
en la oscuridad. El género humano
un ovillo diminuto
entre origen y olvido.

Traducción de José Luis Reina Palazón

LENGÜETERÍA

Tu singular, salteada salmodia,
continuada durante decenios
y la salmodia de los otros –
susurros, zumbidos, jadeos, balbuceos –
convulsos ciclones en el mar del aire:

El más hábil de los músculos,
la lengua sola – imagínate
una lengua solitaria
que se tuerce ante ti en el plato –,
la lengua sola no lo hace.

Suspiros, murmullos, gritos, chapurreos,
«Qui la sua voce soave», «A sus órdenes»,
«London Interbank Offered Rate»,
o algo más complicado
como Corán o cosmología:

Allí no sale nada sin fuelle,
tubo de empalme, cavidades de resonancia;
allí viran, basculan cartílagos,
tapaderas suben y bajan,
abridores y cierres
se tensan y aflojan,
fibras y membranas excitadas a la acción,
continuamente, interiormente,
en lo otro, trabaja eso,
eso trabaja, dentro, dentro de ti:

un caño cubierto, una lengüetería,
imprevisible, difícil de entender,
un oscilador caótico,
continuo, hasta que entendáis,
o hasta que se os acabe el aire.

Traducción de José Luis Reina Palazón

A

Antes de que digas B, espera,
escucha, piensa
lo que has dicho. Una vocal
que poco significa
pone mucho en movimiento.
Abres una vez la boca
y llevas tus restos mortales
a rendimientos
de complejidad cósmica:
cataratas enteras de estímulos,
cálculos, turbulencias,
a las espaldas de aquel
que es Yo – por no hablar
del cerebro,
que no habla
y se burla de toda ciencia.

De otra manera que los otros
has dicho A.
No por primera vez,
sino millones de veces
lo has producido,
ese sonido, en voz alta, tartamudeando,
en todos los tonos, susurrando,
gutural, cantando, oprimido,
en el buen doctor, asombrado,
fascinado, lleno de tristeza –

sin decir nada, en sentido estricto
y ni una sola vez
te has repetido en ello,
en sentido estricto.

La técnica, comparada contigo,
es chapuza, chatarra, cachivaches.
Tú no te imaginas siquiera
lo completo que eres –
a no ser con ronquera,
con hipo, con cáncer.
El fervor del origen
se te ha extraviado.
No se divisa una omega.

Traducción de José Luis Reina Palazón

LO QUE DICEN LOS MÉDICOS

La maniobra secreta,
una presión repentina
en la cavidad del estómago
puede ser muy útil.

Manuel García,
maestro de canto de profesión
fue el primero (1855)
que vio temblar
en un espejo
las propias cuerdas vocales.

Dejad ver profundamente
todo lo que se lleva en la boca:
epiglotis, frenillo,
el hoyuelo ciego,
abridores y cierres.

Los médicos saben:
paresia
y parálisis
son dos cosas distintas.

Los médicos dicen:
corazón y riñones,
cuando no duelen
están mudos.

Traducción de José Luis Reina Palazón

MEDITACIÓN CLÍNICA

En la escalera automática, en la playa, en el espejo de afeitar:
por todas partes minusválidos, pacientes, necesitados de
[asistencia,
pero nadie es enfermizo o imbécil. Murieron
los achacosos. Ya no se habla
de ahoguíos, emplastos del corazón, ni vapores.
¿Dónde quedó la gangrena,
el sudor inglés y la grapa?
Tampoco las plagas duran eternamente.
Palabras de horror desaparecidas: matalobos,
intertrigo y garrotillo.
Perplejo busca el reactor de la evolución
nuevas soluciones, nuevos flagelos.
También los estragos se mejoran
año tras año. La peste esofágica y la erisipela
no pueden competir
con los agentes patógenos progresistas.
Ninguna lista roja lleva luto por la timpanitis,
el fuego sacro y la escara.
Triunfante la ciencia se inclina
sobre la más blanca de todas las camas
y murmura su oración fúnebre.

Traducción de José Luis Reina Palazón

BAJO LA PIEL

Este universo oscuro
bajo la piel
en donde no se piensa
sólo bombea, hierve,
exprime, trabaja,
mientras tú duermes:
intranquilidad plutónica,
terre- y maremotos,
gran química, catástrofes
en una firme envoltura.

Tu jungla interior
es arcaica,
ramificada, balda,
húmeda y caliente.
La sopa originaria
cría parásitos.
Un pulular caprichoso
prolifera, se muda
y muere de nuevo.

Completas eras geológicas
en tiempo acelerado
y tú no te enteras de nada.

Respirando apenas
yaces, ausente,
ciego, adormecido.

Sólo el operador
con la sonda ve
en la pantalla,
enorme, el tumulto
de los órganos.

Traducción de José Luis Reina Palazón

RAIMONDO DI SANGRO

1710-1771

Todavía cuentan de él los ebanistas funerarios de San
[Domenico, cuervos triscando en serrín,
y susurran leyendas de robos de cadáveres, promiscuas
[baladas de industria y brujería.
¡Ah, los inventos engendrados por la cabeza humeante del
[príncipe se perdieron tiempo ha.
Haría falta un libro entero para dar cuenta precisa
[de todos ellos.

Estuvo varios años encerrado. En su horno andaba la materia
[en sueños de metamorfosis.
Hizo luego su gran entrada con fuegos y tracas. En el teatro
[pirotécnico las llamas mostraban
fabulosos panoramas de palacios, galerías, cascadas y árboles
[alzándose en el firmamento,
y los cohetes *simulaban con singular artificio el trinar*
[de los pájaros.

Fluctuando entre lo útil y el prodigio, sibilino *ingenio*
[bizarro y agudo,
decolora la amatista en diamante, hace lapislázuli del mármol,
[y mármol de la resina;
del gramalote, que crece en grandes cantidades, labora finísima
[seda, sombreros y cuero
para zapatos, así como papel. Nadie puede de una simple planta
[desear ya más.

Imprime a cinco tintas de una plancha en una sola tirada
[(pero no todo lo creemos);
construye una *carroza de cuatro ruedas que surcaba el mar*
[majestuosa *sin que verse pueda*
el mecanismo que la hace flotar y avanzar. Y el Rey se
[*maravilla al ver un día*
este nuevo Neptuno pasear sobre las aguas (y esto nosotros no
[lo dudamos).

Era como una droga aquella ciencia. Con mezcla de cinabrio
[y mercurio, oro y nácar,
hacía brotar la sangre de los santos en psicodélicos colores.
Y otros dicen:
Sabía cómo hacer agua dulce del agua de la mar. ¿Se trataba
[pues de un charlatán?
Migajas para ratas de biblioteca. «Historia de la cultura.»
[Herrumbre. Un batiburrillo.

Pero en la cripta del maestro nos hipnotiza una prueba:
dos esqueletos
recubiertos por una red cuprífera de arterias, cadáveres
[metalizados. Todo un enigma.
Preparado violáceo del más ínfimo capilar del ojo o de los
[riñones. No cabe duda
que los cuerpos cayeron vivos en sus manos. ¿Se trataba pues
[de un monstruo?

Como alegoría de mármol se alza él mismo, envuelto de
[zarza marmórea, ante su palacio.
¿Pero quién es el ángel a su lado, el genio con la antorcha,
[que lo emboza o lo descubre?
¿Lo libera de su locura o lo envuelve en ella? ¿En aquella
[deslumbrante cegadora luz,
quién es el brujo? ¿Quién el burlado? ¿Quién el iluminado?
¿Quién el burlador?

Traducción de Kim Vilar

IGNAZ PHILIPP SEMMELWEIS

1818-1865

En todas sus palabras y acciones
había una bondad suprema.
Viena, la Casa de Maternidad, la mayor
del mundo. *¡Qué ocasión tan estupenda*
poder diseccionar cada mañana
los cuerpos aún frescos de mujer
en el depósito del hospital!
Con una constancia más que excepcional
hacía sus extrañas indagaciones.
Era bastante calvo, *ingenuo*
como un niño, y rechoncho más bien.

La gran mortandad, que se situaba
entre el dieciocho y el treinta y seis por ciento,
dejó para siempre en su alma
una huella imperecedera. Pero antes
había bailado czardas en los saraos
como un torbellino, de puro placer,
con una fiebre tal de aquellas noches,
que tres veces cambiaba la camisa.
Pero fue más tarde cuando le acosaron
aquellas crisis de melancolía
que hacen la vida poco apetecible.

Criterios de facultativos destacados
sobre los orígenes de la fiebre (mortal)
del parto. Entre otros muchos: *crasis sanguínea,*

efluvios y malos influjos de los frutos muertos,
miasmas y escasa ventilación,
cercanías de letrinas y pudrideros,
contención láctica, ciertas implicaciones
de índole cósmica o telúrica. Cábalas, en suma,
más o menos supersticiosas. De cierto
nada estaba claro, nada era seguro,
excepto el número de muertes.

Provinciano ensimismado, un auxiliar
eventual, un poco tímido. Y *repito*
a *todas las Facultades médicas del mundo:*
¡Estáis difundiendo el error!
¡Es el aire apestado, es el necrótico
veneno, la úlcera infecta, purulenta,
el foco gangrenoso, los restos adheridos
de carroña putrefacta, son los paños,
las vendas y esponjas malolientes,
son las cucharas, son los fórceps,
las tijeras y las sucias jofainas;

es el dedo untado, los toques internos
de la mano necrófila! ¡Sí, señores,
es la mano del médico lo que mata!
Una onza de cal de cloro, una solamente,
vertida en un cubo de agua, ya basta
para erradicar la ola de muertes criminales,
y miraba a menudo sus propias manos,
manos gordezuelas y mañosas,
y de pronto, *rompiendo en sollozos,*
incapaz de contenerse, debía
interrumpir la clase.

Se convocan diversas comisiones
y nada ven. Algunos ríen incluso.

La tesis imperante impera.
Se sigue muriendo en hospitales.
Sépticas son las armas mafiosas:
informe untuoso, rescripto reseco,
falsa estadística, agrio silencio,
anquilosante. *¡De la masacre que veis,*
señor ministro, vos sois el cómplice!
Y escribe, *furioso de indignación*
por la hostilidad de que fue objeto,

de forma confusa, torpe, grotesca,
y divaga, se repite, se embrolla:
De una vez por todas, escribe,
hay que acabar con este genocidio,
y voy a montar yo mismo la guardia
para terminar con el crimen. Asesinos,
escribe *(¡a todos los ginecólogos!),*
así llamaré a todos los que vulneren
las leyes por mí decretadas,
pues actúan como criminales.
Y ve por doquier espías, fantasmas.

Ni sus amigos le reconocen.
La congoja produce en él
una gordura deforme. *(Por* fantasma
se entiende en Medicina la pelvis
natural o artificial de mujer,
que forrada de cuero se utiliza
en las lecciones de aprendizaje
de técnicas de cirugía.)
Por las calles de Budapest
cuelga carteles y avisos:
¡Protegeos de los médicos!

Un talante pueril, excéntrico:
Va desnudo por su casa,

pone los pies sobre la mesa,
no cabe ya la menor duda
de su estado profundo de locura.
Por los pasillos, ríen a sus espaldas.
En todo tiempo será recordado
como un gran benefactor
de la Humanidad, pero siempre
habrá que deplorar la desgracia
que tristemente...

Las dos en punto de la tarde.
Le sigue un tropel de enemigos.
Los avista en sus negras levitas,
un enjambre de sucias moscas.
Se refugia en Anatomía.
Sobre el bloque de mármol, un cadáver.
Agarra el bisturí, despedaza el cuerpo,
lanza trozos de carne y amenazas,
revuelve en las entrañas, se corta,
logran desarmarlo y muere al cabo
de tres semanas de agonía.

Mas no fue así. Son todo fantasías,
exageraciones. Era en realidad un domingo
bello y apacible de julio,
y se dejó llevar sin resistencia.
Sólo al caer la noche se sublevó.
A duras penas, entre seis guardianes
pudieron someterlo. Camisa de fuerza
y celda oscura. Demasiado tarde
se advirtió la herida séptica en el dedo.
Una gangrena mortal: *Ya no alcanzó*
a ver cómo triunfaba su teoría.

Traducción de Kim Vilar

UGO CERLETTI

1877-1963

I

Y *acudí al matadero* (y era Dir. del Inst. Neurobiológ. de Milán) y *vi las cabezas de los cerdos apretadas en pesadas tenazas metálicas* (y mi suntuoso despacho en la via Savoia) *y la palanca conmutadora* (y mis estatuillas de bronce antiguo sobre el escritorio) *y advertí cómo los animales perdían el sentido y caían yertos* (y prof. de Neuropsiquiatría de las Univ. de Bari, Génova y Roma) *y cómo después de algunos segundos sufrían convulsiones* (e inventor de una espoleta retardada para artillería y aviación) y *pensé que había allí un material muy valioso para mis experimentos* (y mis medallas y condecoraciones) y *decidí investigar la dosis, el voltaje y el método precisos para causar la muerte a los cerdos* (y Pres. de la Soc. Ital. de Psiquiatría) y *les apliqué descargas eléctricas en la cabeza por diversos lados* (y miembro de honor del Comité de Biol. y Med. del Departamento Nacional de Investigación) *y en el tronco durante varios minutos* (y cand. al Premio Nobel) y *me sorprendió que muy raramente murieran cuando la corriente atravesaba sus cabezas* (y ama de llaves y purificador de aire en forma de lechuza de porcelana) y *que después de fuertes calambres quedaran inermes algunos minutos* (y Dr. h. c. de la Sorbona de París) y *luego se levantaran penosamente* (y Dr. h. c. por Río de Janeiro, São Paulo y Montreal, por mis innovadores estudios sobre el bocio y cretinismo) *e intentaran huir.*

II

Y *di instrucciones a mis ayudantes de localizar algún individuo idóneo para tal experimento* (y Viva Il Duce) y *el 15-4-38 el jefe superior de la policía romana me remitió un sujeto para que lo examinara* (y *el fascismo se ha alzado sobre el cuerpo putrefacto de la diosa Libertad)* y *cito de su acta de envío* (e *¡Italianos! ¡Camisas Negras! ¡Legionarios!): «S. E., ingeniero y 39 años* y *apresado en la Stazione Termini* y *sin estar en posesión de billete en regla y tampoco, por lo visto, de sus facultades mentales* (e interminables ovaciones) y *escogí a este hombre para mi primer experimento humano.*

III

Y *le coloqué dos electrodos en las sienes* (y las indicaciones principales son esquizofrenia y paranoia) *y decidí empezar con 80 volt. corriente alterna y 0,2 segundos* (y alcoholismo y toxicomanía y depresiones y melancolía) y *sus músculos se paralizaron* (y los efectos secundarios más importantes son amnesia y vómitos y pánico) y *se irguió de un golpe* (y ésta es la típica posición denominada por Braunmühl et al. de «pelele») *y se desplomó pero sin perder el conocimiento* (y las complicaciones principales son fracturas de muslo, brazo, mandíbula y columna) y *empezó a cantar en voz muy alta* (y lesiones cardíacas y hemorragias internas) y *luego calló y quedó inmóvil.*

IV

Y *naturalmente significó para mí una carga emotiva muy fuerte* (y según Reil [1803] *la tortura inocua es un mandamiento terapéutico)* y *consulté con mis ayudantes sobre la opor-*

tunidad de intercalar una pausa (y según Squire [1973] *se desconoce cuánto tiempo se mantiene la amnesia)* y *el hombre nos escuchaba y dijo de pronto con voz fuerte y solemne: «No lo hagáis otra vez. Esto es la muerte»* (y según Sogliano [1943] el tratamiento puede repetirse *sin reparos hasta cinco veces en un período de diez minutos)* y *reconozco que a punto estuve de echarme atrás* (y según Kalinowski et al. [1946] hay que tener siempre *correas y ataduras a mano por si el paciente reacciona agresiva y violentamente)* y *tuve que esforzarme para no ceder a este sentimiento supersticioso* (y según Sakel et al. [1965] *desgraciadamente se carece todavía de razones científicas* para el electroshock) y *me armé de coraje y le apliqué otra carga de 110 voltios.*

V

Y desde entonces en la estación aislada se encaraman con sus pijamas a las blancas camas esmaltadas *(y jamás olvidaremos su genio innovador)* y reciben una inyección y, si se resisten, otra *(y sus hazañas en aras del progreso científico)* y cuatro enfermeros les sujetan de manos y pies *(y su entusiasmo productivo)* y les meten un tubo de goma por la boca y le clavan las frías planchas de cromo en las sienes (y *su hambre insaciable de saber)* y en los mataderos ya no se oyen alaridos, ni mugidos, ni chillidos (y *su auténtico humanismo)* y luego el jefe enchufa (y *todavía se carece desgraciadamente de razones científicas* para ello) y luego están ausentes y luego despiertan de nuevo y después ya están borrados.

Traducción de Kim Vilar

WILHELM REICH

1897-1957

En aquel verano del 37 se sintió casi feliz. En Oslo,
noches blancas, barcas en el fiordo, beber dorado aquavit
en el Café del Teatro con Sigurd, Nic y Arnulf. A petición
tocó el violinista el *Bolero* de Ravel. La gente susurraba:

¡Así es él! Naturalmente tenían razón, obviamente
estaba loco, un enfermo furibundo, que ahuyentaba
a todos sus amigos: con malas artes les arrancaba
(oh, sombra de Stalin) confesiones escritas (a esos traidores),

que cerraba con llave en su escritorio. (Sí, también
se le llama paranoia.) *Dentro de mil años me entenderéis.*
¿Rebelde? ¿Qué más da eso? Más hubiera preferido estar
junto a los que ríen. Como un niño que cazó una mosca

y vigila su puño cerrado: allí dentro había *algo*
que latía, parecía vivo. Cosquilleaba. Mas nadie
quiso creerle. ¡Pruebas! ¡Pruebas! Detector Geiger,
cronómetros y microscopios. El *Faraday del orgasmo,*

un gurú, un diletante. Y he aquí su hallazgo:
el amor todo lo impulsa, es algo mensurable, tiene
color azul, mueve los astros, las ramas, las nubes.
(Aquel rumor en la cabeza no le abandona desde la infancia.

Un terreno en la Bukovina. Fogatas, caminos polvorientos,
fragor de trilladoras. En la casa grande lascivos misterios.

En el estanque, un suicidio. Después, para siempre más,
el escozor bajo la piel, el eczema del recuerdo.)

Amaba el verde uniforme, los galones y espuelas de húsar,
los claveles, los diplomas, los honores, su bata blanca,
y soñaba con entrar triunfante por la Puerta de
[Brandeburgo,
sobre un caballo blanco, al son de clarinetes de Ravel.

Bajo la Enseña del Marxismo: papel amarillento. En verdad,
combatió la opresión y a muchos prestó ayuda, pero
cuando oyó entonar *O Tannenbaum* a su hijita de dos años
la emprendió a cachetazos cantando La *Internacional.*

Después vino la jerga, la ciencia ficción. Burbujas de vida
contra *peste emocional.* Vegeto-bio-orgón-energética,
o sea: el orgasmo es el orgasmo es el orgasmo. Las mujeres
siguen de cocineras, secretarias u objetos de experimento.

Por fuera celuloide, dentro virutas de vidrio y hierro.
La tapa horadada. Un acumulador de fuerza mágica
de rayos milagrosos. Y penetran las chicas excitadas
y los alumnos, en el féretro erecto. La prueba empieza.

Se acelera el pulso, sube el termómetro. ¡Demostrado!
Cuelga carteles por todo: *It can be done!* Los eróticos
rayos que mueven motores, hacen llover y lo curan todo:
cáncer, esquizofrenia, efectos de la bomba atómica...

Pero vuelven las ratas a su madriguera. Y salen del agujero
los alumnos con ojos inflamados, parpadeantes, vomitando.
Por lo que sea, todo ha fallado. Y cuando él se exalta
el eczema se despierta, y bebe sin medida, fuma,

tose, lo sacuden ataques cardíacos, le arrebatan
los inventos, le engañan las mujeres, siente temor
de los incendios, de los espías, de las tormentas, de los
[secuestros.
Se burlan de él. Le hacen boicot de silencio. ¿Y quién es

el culpable? La mafia de los doctos, la difamación
(chapucero, pornógrafo judío), los bolcheviques, todo
está minado de agentes, es una conjura, hay peligro
de registros en casa, se queman los libros: Blackout.

Desde el cosmos viene el enemigo con platillos volantes,
sus humos ennegrecen las rocas, lo contaminan todo. ¡TOP
[SECRET!
Pamplinas. Si no hubiera intervenido él con sus armas
[supremas...
La *Primera batalla por el Universo.* Y él, *el descubridor,*

es esposado, lo interrogan, se niega a dar ni un dato.
Su defensa es confusa, pierde el hilo y calla en redondo.
¡Oh, Dr. Mabuse! ¡Oh, maníaco redentor! ¡Oh, rosacruz
[jodedor!
¡Oh, Jaimito de la ciencia! ¡Oh, ventrílocuo de Cristo!

¡Oh, indefenso defensor del Hombre! ¡Oh, místico
[tecnócrata!
¡Oh, malvado de película! ¡Oh, tú, batido liberador!
Los bombarderos vuelan sobre la cárcel. Mal, muy mal
tocan junto a la tumba los clarinetes. Todo fue en vano.

Traducción de Kim Vilar

VI

BERNARDINO DE SAHAGÚN

1499-1590

A los ochenta años sus ojos se ensombrecen.
Misiva del Consejo de Indias al Virrey. Edicto
del Alto Consejo de la Inquisición a los arzobispos
de México y Oaxaca. *Las obras paganas en cuestión*
son ociosas, extrañas a la Fe y peligrosas.
Los manuscritos se dispersan. La escuela
se desmorona. La viruela acaba con los indios.

A veces se pregunta qué fue en su vida:
un cuervo en un campo de batalla, o un salvador.
A duras penas descifra en copias clandestinas
lo escrito y dibujado otrora por sus pupilos.
Viejos pictogramas, hieráticos y extraños. Un mundo
distinto, transparente como muestras en resina.
Sus labios se mueven despacio y va leyendo:

El presagio
Fue diez años antes de llegar los españoles, fue
la primera señal. Fue como una lengua de fuego
sobre el cielo, como una llama, como un resplandor
en el crepúsculo. Ardía espacioso, se alzaba alto
y afilado. Un año entero apareció, en las noches.
Y cuando brillaba, se alzaba un griterío,
gritaban todos, todos batían con la palma de la mano
contra sus bocas, todos sentían un miedo horrible,
se estremecían, esperaban, estaban aterrados.

Ocupa su vida en hacer preguntas. De lo aniquilado
se siente admirado. De los asesinados *(perfectos filósofos
y astrólogos,* oscuros y sutiles, elegantes,
y muy diestros en todas las artes mecánicas)
procura obtener respuestas. Lo que él profesa
es una ciencia, nueva y rigurosa. La metodología
no existe todavía. Él es el primero.

E inventa el sondeo informático: los cuestionarios,
las interviús, el cross-checking, el teamwork.
Capacita a sus discípulos: normas de transcripción,
gramáticas, glosarios. Sube incluso a los volcanes.
Pero lo que cuenta, no es lo que ve. Pregunta
a los supervivientes, los últimos aztecas. ¿Qué es
una montaña? Ellos dictan y el escribano apunta:

La montaña
Es algo elevado y agudo; termina en punta,
en la cima, afilada, se alza prominente;
se hace cónica, redonda; a más redonda, más baja;
con muchas peñas, rocosa; abrupta, agrietada, rocosa;
de tierra; con árboles; yerbosa; con matas; con agua;
seca; quebradiza; con barrancos; con cavernas;
hay gargantas en ella, morros de piedra.
Subo a la montaña, trepo por la montaña. Vivo
en la montaña. He nacido en la montaña. Nadie
puede hacerse una montaña. Nadie se transforma
en una montaña. Y al final, también la montaña se
[*descompone.*

Náhuatl: Todo sabe distinto, todo tiene otros colores,
nombres, articulaciones. Del dios solar al mosquito
es otro mundo. (¿Qué significa el término
«otro mundo»?) *Historia Universal de las cosas*

de Nueva España. No son similitudes
lo que anda buscando en ellos (o en nosotros, por tanto),
sino aquello que no entiende.

Una ciencia que observa el ser humano
como Algo Distinto. Este algo incomprensible
es lo que da miedo, y es la única esperanza.
El primer antropólogo tiene un miedo atroz
de quienes interroga, de sus rituales sangrientos (y los nuestros),
de tantas mentiras e ídolos. Su obra quedará tres siglos
enterrada, prohibida, entre el polvo de los archivos.

La caverna
Allí se ensancha, allí se hace larga y profunda,
se abre, se cierra. Es un lugar angosto,
es agobiante. Allí se hace intransitable, hostil.
Es un lugar espantoso, donde habita la muerte,
donde reinan las tinieblas. Se vuelve tenebrosa,
sombría. Su boca está abierta de par en par, sus fauces.
Las fauces son anchas, las fauces son estrechas.
Voy a hacer mi permanencia en la caverna.
Estoy entrando. Estoy aquí. Estoy en la caverna.

Cuando aún mozuelo, frailecillo mendicante
de parda cogulla y blanco cordón, desembarcó en Veracruz,
la carnicería había terminado: *Todo está por tierra*
desparramado, ya nada se conserva en pie.
Las pirámides aplanadas, los acueductos demolidos,
y no se puede pisar la tierra de México
sin pisar a la vez los restos de algún indio.

La masacre es «a fin de cuentas, comprensible».
Puede explicarse punto por punto,
con pelos y señales, de una segunda naturaleza,

la codicia, la ambición, que aportan, claro,
bien nos entendemos, la economía y condición de clase.
Si algo significa el término «otro mundo»,
significa algo que no nos explicamos.

Traducción de Kim Vilar

THOMAS ROBERT MALTHUS

1766-1834

Cuando el estómago ladra, la boca no dice nada.
En la miseria, poca es la letra. Del hambre sólo sabemos
lo dicho con panza llena: bien poco es en consecuencia.

El más feliz de todos: en verano remaba un poco, en invierno
patinaba en la charca del pueblo. *Y en cincuenta años*
jamás le vi perder los estribos un solo instante.

Mofletudo, comodón, negó con firme voz la felicidad.
¿La suya? No: la Felicidad. Una *nueva idea,* que ya no lo era
entonces *en Europa: ya no habrá guerra, ni crímenes,*
ni administración de justicia, ni gobiernos, ni dolores, ni
[enfermedad,
ni angustia, ni rencor. Respuesta: *Nunca he adquirido*
un poder tal sobre mi intelecto que me permita creer sin
[evidencia
mis íntimos deseos. (Ensayo sobre el principio de población
en relación con el progreso futuro de la sociedad, y *crítica*
de las especulaciones de los señores Godwin, Condorcet
[y otros.)

Dulce y tierno. Genio y locura no iban con él.
Vivía honradamente de su canonjía, pero no le convencía
El orden divino en la evolución de la estirpe humana
de Süssmilch. Y se tragó anuarios estadísticos,
dejó la rectoría, se fue a Rusia y a otros países.
Europa se horrorizó del resultado. Monótonos presagios:

aquella *retahíla de enfermedades, epidemias, carestías,*
plagas, revueltas y hambres endémicas.

Arremete el pastor de buenas almas de Albury
contra la ola de *placeres deshonestos, villanías,*
y perversas pasiones, pero por vez primera su sermón
calcula las fuerzas naturales en matrices y testículos,
como el físico la *velocidad y alcance de un disparo*
en medios de distinta densidad: y todo ello
es necesariamente así y nunca dejará de serlo.

Sicofante descarado de la clase poderosa. Infame,
siniestra doctrina, cinismo, blasfemia: palabras,
pero el plazo de duplicación sigue siendo aún
de treinta años, y rige aún la fórmula: $P_t = P_0e^{rt}$.

Cierto: sus cálculos son inexactos. Sólo estaba seguro
de que algo aumenta sin cesar. Crece el crecimiento,
crece el hambre, crece el miedo. Sonrosado de mejillas,
frotándose de manos, recibía cada día con el té los panecillos
de manos de la misma lozana mujer, con la que
[religiosamente
fornicaba una vez al mes: un impertérrito miedoso,
un impostor que aparentó salud su vida entera:
El más feliz de todos los profetas de la catástrofe.

Traducción de Kim Vilar

ALEXANDER VON HUMBOLDT

1769-1859

Fuera, muy azules, al óleo, las cumbres lejanas, las palmeras,
los desnudos salvajes. En la penumbra de la frondosa cabaña
paredes colgadas de pieles y helechos gigantes. Sobre la
[albarda
un vistoso papagayo. Al fondo contempla el amigo una flor
bajo la lupa. Cajas de libros y orquídeas encima esparcidas.
Higos cambures sobre la mesa con los mapas e instrumentos:
brújula y horizonte, microscopio, teodolito y sextante
(espéculo de cúpreos destellos y limbo de blanco argente).
En el rayo de luz, en el centro, sentado, el insigne geodesta
en su estudio de la jungla, a orillas del Orinoco, pintado al
[óleo.

La Tierra Incógnita se funde como la nieve bajo su mirada.
Cubre con su red de curvas y coordenadas los últimos glaciares,
las inhóspitas cordilleras. Y mide desvíos magnéticos,
apogeos solares, salinas concentraciones, azules del cielo.
Atónitos miran los indígenas. *¡Qué gente tan extraña esta*
que corre el mundo buscando hierbas y comparando sus pastos
con los pastos ajenos! *Os dejáis devorar por los mosquitos*
para medir unas tierras que ni siquiera son vuestras.
Forasteros, herejes, maniáticos. Mas no se inmuta el viajero
y blande su botella de Leyden como el cura el incensario.

Nacido a la luz del cometa de Messier. Galvaniza ranas.
[El mismo
se aplica los electrodos y emite *Conjeturas sobre la excitación*
de tejidos nerviosos y *musculares.* Y va a la caza amazónica

de tempestades magnéticas, o persigue auroras boreales en
[Siberia:
en piragua, trineo y vapor, hamaca bamboleante y carroza.
Dibuja países enteros como yacimientos. Está realmente
[obsesionado
por los cráteres en llamas que, vulcanista y vulcanólogo, mira,
valora y manosea. Tímido y solitario, repasa en su memoria
los muchachos que le agradaron: eran la mayoría afables
y sin medios. Él les ayudó y calló. En las noches torturantes
escribía sin descanso. *Notas dispersas sobre el basalto.*
De los bosques de China. Inventario de corrientes marinas.
Pueblos primitivos de América y monumentos que legaron.
Lecciones de... Aportaciones a... Criterios... Aforismos...
Noticia ocasional de un mensaje en una botella. Profundidades
de las nieves perpetuas. Temperaturas en puntos distintos
de la zona tórrida al nivel del mar. Peces eléctricos varios.
Este hombre es una academia circulante. Asciende incluso
a las capas más altas de la atmósfera, y se sumerge al fondo
del Támesis con Brunel, un excéntrico inglés, en una
[campana metálica.

Siempre lo he admirado, pero ahora lo venero. Sólo él sabe
transmitir las emociones del alma al entrar en contacto
con el Trópico. Sin embargo, más tarde, tras el desayuno
Darwin se manifiesta *decepcionado: es muy eufórico, pero*
desbarra bastante. Efectivamente, no se ven muy claras
las causas de su gran fama. Dormía tres o cuatro horas. Era
[presumido,
cándido, entusiasta y *laborioso al máximo.* Gran bailarín del
[minué
y del «animalito». *Levita azul, botones dorados, chaleco*
[*amarillo,*
pantalones rayados, chalina blanca y viejo sombrero negro:
por su moda en el vestir, quedó estancado en el Directorio.

Fue toda una celebridad: inconcebible que un simple particular
causara tanta expectación. París estaba en el linde del cambio:
[no se fiaba
de su propio triunfo la Nueva Clase. Y tras el Terror floreció
[ilusoria
la inocencia clasicista antes de irrumpir el bestial griterío de
[la Bolsa,
con sus fiebres, sus boom, sus crash, y *la explotación,*
se desencadena abierta, directa, impúdica y descarnada por toda
[*la Tierra.*
Momento claro, limpio, coherente. Una burguesía modélica
[y cabal
como el metro patrón, que también nuestro generoso héroe
contribuyó a fijar, recorriendo con sus trastos el meridiano
de Dunkerque a Barcelona (pagando, como siempre, de su
[bolsillo).

Después ganó la reacción y volvió al calvario alemán.
[Camarlengo,
lector, lacayo pues de la Corte de Potsdam. Se retiró a Berlín,
pequeña, huera, fementida villa. En aquel desierto sembrado
de policías pensó a menudo en el Trópico. ¿Por qué le
[fascinaba?
¿Por qué soportó tanto: insectos, lianas prensiles, diluvios
y la mirada hostil de los indios? No era el estaño, ni el yute,
ni el caucho, ni el cobre. Era un transmisor sano e
[inconsciente
de gérmenes malignos, un heraldo desinteresado del pillaje,
[un correo
que ignoraba llevar la orden de destrucción de aquello, que
[amorosamente
pintó en sus *Cuadros naturales* hasta los noventa años.

Traducción de Kim Vilar

INSTITUTO DE INVESTIGACIONES

Oh, profetas de espaldas al mar,
de espaldas al presente, oh, hechiceros
que observáis plácidamente el futuro,
oh, chamanes eternamente
recostados en la borda,
¡basta hojear un libro de bolsillo
para descubrir vuestros misterios!

Leyendo huesos, estrellas, ruinas, entrañas,
para beneficio público, todo lo que ha sido
y todo lo que será, ¡oh, ciencia!,
bendita seas tú y los rayos de luz que nos ofreces,
mitad alarde y mitad estadísticas: tasas
de mortalidad, límites de suministro de fondos,
la creciente entropía...

¡Adelante! Todas esas iluminaciones
del color del azufre son mejores que nada,
nos mantienen felices en las noches sofocantes
del verano: impresos sacados de la computadora,
muestreos, excavaciones, confidencias
basadas en el método de Delfos... ¡bravo!

¡Bendito sea lo provisional!
Por el momento queda bastante agua fresca,
la piel respira aún expectante,
se crispa tu piel, mi piel, incluso la vuestra,

nigromantes leñosos, respirad aún,
pese a la cuestión de la cátedra titular,
a las notas y las pirámides de empleo,
por ahora el final (una interminable catástrofe natural,
finamente repartida) no es aún definitiva,
¡vaya consuelo!

De ahí, mis queridos cómplices, que,
en tanto se pronostican icebergs frente a Terranova
y tormentas de verano en los cielos sulfúreos
de Europa Central, es mejor que abandonéis
vuestros institutos durante el fin de semana. Corred
a salvar la vida, o un pedazo de ella, algo interino,
sea cual fuere su significado, hasta el lunes;
incluso en el caso de que esta forma de actuar
no resulte conveniente
como base de vuestras predicciones.

Oh, amigos siempre sedientos de sabiduría,
qué lástima me dais, descansando en vuestras dachas,
en vuestras cabañas irlandesas, o en la isla de Korčula,
de espaldas al mar,
apagando plácidamente vuestros cerebros.
¡Adelante, y que vuestra antorcha nunca se apague
durante el juego de ping-pong! Os bendigo.

Traducción de Heberto Padilla,
con la colaboración de Hans Magnus
Enzensberger y Michael Faber-Kaiser

DEPARTAMENTO DE FILOSOFÍA

No hay duda de que somos inteligentes. Pero lejos
de cambiar la faz del mundo, en escena
seguimos sacándonos conejos del cerebro,
y palomas blancas, bandadas de palomas
que invariablemente se cagan en los libros.
No hay que ser un Hegel para darse cuenta
de que la Razón es a la vez razón y no razón;
basta con mirarse en el espejo de bolsillo.
Te verás vistiendo una capa azul
adornada con estrellas plateadas y una capucha.
Celebramos el Congreso hegeliano en el sótano
donde están sepultados nuestros colegas,
desempacamos nuestras bolas de cristal y nuestros
[horóscopos
y ponemos manos a la obra; mostramos nuestros peritajes
y agitamos nuestro péndulo y nuestros informes
de investigaciones. Hacemos girar las mesas, preguntamos:
¿cuán real es lo real? Hegel sonríe
malicioso. Le pintamos un bigote.
Ahora se parece a Stalin. El congreso se divierte,
baila sobre el volcán. Los guardias
montan guardia fuera. Nuestra psique hace
serenas declaraciones sobre el caso,
y coincidimos en que en lo profundo de cualquier polizonte
habita un ángel custodio
y dentro de éste un polizonte. ¡Abracadabra!
Como un pañuelo enorme, desdoblamos nuestras teorías.

Los hombres de la gabardina aguardan modestamente
frente al refugio a prueba de motines del seminario.
Fuman, casi nunca utilizan sus armas,
vigilan nuestra nómina universitaria,
y nuestras flores artificiales y el excremento
de palomas blancas que inunda el lugar.

Traducción de Heberto Padilla,
con la colaboración de Hans Magnus
Enzensberger y Michael Faber-Kaiser

EL INVESTIGADOR DEL RENACIMIENTO

Un astrólogo de estrellas apagadas.
Bajo la pantalla verde de la lámpara
en Princeton, New Jersey,
sigue escribiendo códices desaparecidos,
cauteloso como un espía,
atento como un falsificador.

Como un amante excitado
se siente, por dentro,
tocando de cerca la piel,
en el guante caliente
de la tradición,
en las cortezas de cerebros muertos.

Su latín se mantiene sin problemas
en los festines de largas noches
en Florencia y Bolonia
entre pintores, matemáticos,
cardinales, hundidos
en conversación saturnal.

Después apaga la luz,
abre la barrera magnética
y se va por el freeway a casa
en el ardiente vapor de sodio
de las farolas arqueadas.

Traducción de José Luis Reina Palazón

ACERCA DEL HOJALDRE CRONOLÓGICO

Meditación sobre el anacronismo

> El mundo no es más que un eterno columpio. En él, todas las cosas basculan sin cesar. No describo el ser, sino el tránsito. Es un protocolo de azares diferentes y cambiantes, de nociones indefinidas y, según parece, contradictorias. No sólo el viento de las casualidades me mueve en su dirección; por añadidura me muevo yo mismo y cambio de dirección. Y quien se fija atentamente en el punto de partida, difícilmente se encontrará dos veces en la misma situación.
>
> MICHEL DE MONTAIGNE

No cabe duda de que el progreso ha vivido días mejores, pero en plural sigue proliferando como nunca. Entre sus profetas no sólo se cuentan los agentes de los medios de comunicación y de la publicidad. También goza de un inquebrantable prestigio entre los científicos y los economistas, los técnicos y los médicos. Avanza a pasos pequeños pero infinitos y cada vez más rápidos en todas las direcciones imaginables, en un proceso que nadie osa dirigir, y mucho menos cuestionar.

Mientras las viejas vanguardias políticas y artísticas ya han dimitido, los adventistas de la técnica, totalmente impasibles ante las experiencias de las catástrofes del siglo XX, avanzan sin freno hacia sus sueños de futuro. Su optimismo casi histérico no conoce límites, ni siquiera los de la autoconservación. Sus visiones ya no se limitan al perfeccionamiento, sino que se dirigen hacia la autosupresión del género humano en beneficio de productos pretendidamente mejores que cualquier ser biológico. Este alegre masoquismo recuerda los tiempos en que el Atomio de Bruselas parecía augurar un futuro esplendoroso.

Ahora bien, los fundamentalistas de la modernidad no son los únicos pobladores del planeta. Lejos de estas sectas duras se van extendiendo sentimientos de duda. No sólo los perdedores del progreso, sino incluso los más inteligentes entre los dirigentes de la economía, asisten a las promesas de la globalización técnica con unos sentimientos que sería erróneo calificar de mixtos.

Esto tiene una explicación muy sencilla: con la creciente aceleración también van aumentando las asincronías. Día a día, el proceso de los progresos vertiginosos deja atrás un número cada vez mayor de personas; hace tiempo que ya ha adelantado a la mayoría. Pero hoy no ocurre como en tiempos del heroico modernismo, cuando aquella mayoría de «eternamente trasnochados» negaba el acatamiento a alguna vanguardia nombrada por ellos mismos. Hoy ya no sirven de nada unas diferenciaciones tan sutiles, porque incluso los vicarios de la tendencia incurren en las más sorprendentes contradicciones. El teorizador del sistema se muda a una vivienda antigua, el experto en armamento prefiere la ópera, la deconstructivista padece mal de amores, y el diseñador de chips tiene una debilidad por las teorías filosóficas del budismo. Claro que podríamos afirmar que tales tendencias constituyen un mero acto de compensación, simples encrespaciones en la superficie. Pero esto parece contradecirlo el hecho de que los «vestigios del pasado» proliferan aparentemente con el mismo descontrol que los progresos. En contra de la voluntad de los sujetos y sin consideración para con sus preferencias ideológicas, lo arcaico renegado se manifiesta en innumerables síntomas somáticos, psíquicos y culturales. Lo cual sólo permite una conclusión: por lo visto han pasado los tiempos en que podía vivirse a la altura de la época.

Uno de estos síntomas fue el tan comentado posmodernismo, que sin embargo no fue capaz de comprender el profundo dinamismo de la asincronía. El mismo lema con el cual se presentó demuestra hasta qué punto se aferraba al pensamiento sucesivo, a este esquema según el cual una época o un episodio avanzan como en una cadena de montaje, sucediéndose unos a otros para dar paso al siguiente. Dentro de este esquema sorprendentemente simplista sobrevivió el dogma de la modernidad, un dogma que ha resistido a todas las convulsiones y dudas del siglo.

Resulta difícil decir cuándo se impuso históricamente la idea de la sucesión. Quizás podríamos tomar como referencia la famosa *querelle des anciens et des modernes* de 1687. Lo que en aquel entonces se tematizó como disputa entre la antigüedad y la edad moderna, se fue desarrollando cada vez más hasta que la lucha entre lo trasnochado y lo revolucionariamente nuevo, entre tradición y modernidad, se convirtió en algo completamente natural; una dicotomía, una evidencia a la que, tanto en el ámbito cultural como en la política, le quedaría deparada una larga carrera que todavía perdura.

Parece ser que se trataba de un modelo de contundencia seductora, porque desde entonces cualquier persona se creía ante una elección sencillísima. Sólo había que tomar partido por uno de los dos bandos –ya fuera por el *ancien régime* o la revolución, por la tradición o el progreso, por el viejo Adán o el hombre nuevo, por la derecha o la izquierda–, y ya se había ganado lo que podríamos llamar un punto de vista o una ideología. Tales oposiciones no sólo mantuvieron ocupados a multitud de intelectuales, sino que millones de personas tuvieron que pagar esta elección con sus vidas. La humanidad se vio confrontada con una alternativa de enorme simplicidad. La complejidad del mundo había quedado reducida a un esquema binario; parecía como si únicamente existieran dos opciones. Y a partir de aquel momento cada cual estaba delante o detrás de los acontecimientos.

«¿Qué es el tiempo? Si nadie me pregunta, lo sé; si lo tengo que explicar, no lo sé.» Al igual que san Agustín, todos los filósofos han cavilado sobre el tiempo. Una cavilación sin fin, a la que hoy se suman los astrofísicos y los cosmólogos. Por muy ingeniosas y complicadas que resulten la mayoría de sus teorías, poco han podido hacer contra la concepción más vulgar del tiempo, que se limita a alinear todo cuanto ha sucedido en el pasado, lo que está sucediendo ahora y lo que sucederá en el futuro en una línea recta, donde el presente está enarcado por un punto en movimiento de avance que separa nítidamente el pasado del futuro. Casi estamos tentados a envidiar esta concepción por su simpleza, que desemboca en tautologías del tipo de: lo pasado, pasado está. Pero quienes piensen de este modo se verán obligados a capitular ante la pregunta de cómo es posible el recuerdo. Y mucho más les perturbará la asincronía de lo simultáneo.

Si hemos de dar crédito a nuestros diccionarios y enciclopedias, el anacronismo es un «acto atentatorio contra el curso del tiempo, contra la cronología», es la «falsa clasificación cronológica de ideas, cosas o personas», o bien, en expresión inglesa más explícita, *«anything done or existing out of date, hence, anything which was proper to a former age, but is out of harmony with the present»*. Observamos aquí un claro tono censurador, casi denunciador. ¡Ay del desprevenido que osara atentar contra el decurso del tiempo, que colocara mal sus ideas o que incluso hiciera o pensara algo que estuviera *out of date,* es decir, en discordancia con el presente! Porque con ello perturbaría terriblemente la armonía del presente.

Con total inocencia se establece aquí como ley objetiva una idea obsesiva de la modernidad. Para el que así lo proclama, la sumisión al año en curso ya debe de haberse convertido, a buen seguro, en su segunda naturaleza, hasta el punto de que ni siquiera debe darse cuenta de ello. Se comporta como si no pudiera concebir ninguna idea sin echar primero una mirada al calendario para cerciorarse de lo que «toca» en cada momento. Pero es dudoso que este tipo de zombis existan realmente. Desde que las vanguardias históricas perdieron fuelle, y no sólo en el campo de la política, los disc-jockeys, los multimedia y las revistas dedicadas al *life-style* probablemente sean los únicos que todavía nos quieren hacer creer que existe una vida completamente sincronizada con los pitidos de las emisoras de señales horarias.

Pero esto ya falla ante los acontecimientos más imprevisibles, y uno casi se avergüenza de citarlos. Nuestro código genético nació hace millones de años, y sólo un pequeño resto se debe a la hominización, una evolución relativamente tardía. Por lo tanto, nuestro equipaje somático y psíquico es increíblemente antiguo, y no digamos nuestra consciencia. La evolución cultural está constituida igualmente por numerosas capas, y también aquí la proporción de aportes nuevos es relativamente pequeña. Por lo tanto, el «acto atentatorio contra el decurso del tiempo», que niega el discurso de la modernidad, no es la excepción, sino la regla. Aquello que en un momento dado constituye la novedad, flota a modo de delgadísima capa encima de las profundas e impenetrables aguas de las posibilidades latentes. El anacronismo no es un error evitable, sino una condición básica de la existencia humana.

Tomemos, por ejemplo, un trozo cuadrado de masa para tarta. Con ayuda del rodillo la amasaremos hasta que sólo tenga la mitad de grosor, pero el doble de tamaño. A continuación cortamos el rectángulo así obtenido por la mitad y colocamos la parte derecha encima de la izquierda.

Ahora comenzaremos de nuevo este proceso, estiraremos la masa por segunda vez, la volvemos a cortar y superpone-

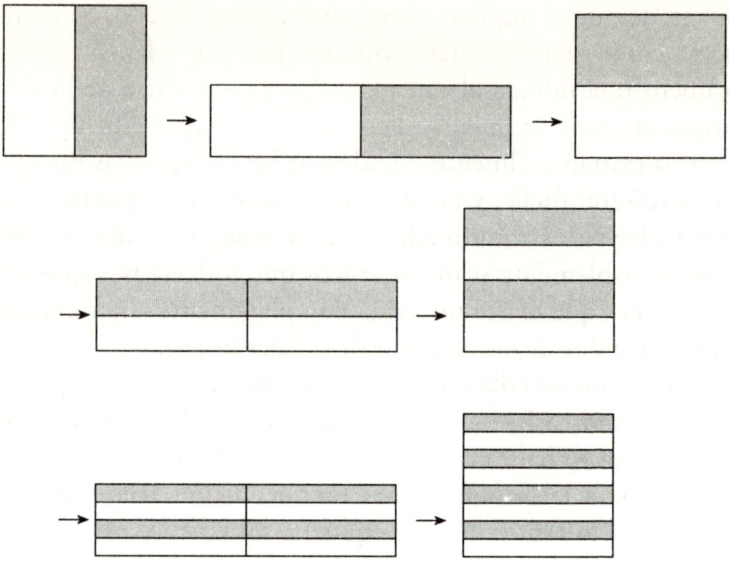

mos las dos partes resultantes. De esta forma obtendremos un tercer cuadrado, de igual tamaño que el primero. Sólo que ahora estará formado por cuatro capas horizontales.

Esta operación la podemos repetir cuantas veces nos plazca. Lleva un hermoso nombre científico: se denomina «transformación pastelera» y su resultado es un hojaldre extraordinariamente exquisito.

Con cada nuevo paso que demos, la estructura se irá haciendo más ligera. Tras la décima vez habremos obtenido un número de capas equivalente a dos elevado a diez, y después de veinte operaciones tendremos 1.048.576 capas increíblemente delgadas.

Claro que, llegados a este punto, cualquier pastelero con cierta experiencia objetará que resulta imposible hacer una tarta de hojaldre bidimensional. Pero esto tiene fácil solución: sólo hay que sustituir el cuadrado por un cubo, y entonces obtendríamos esto:

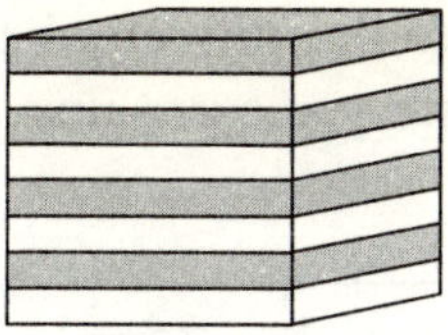

Lo cual no cambiaría en absoluto las propiedades topológicas de la transformación, y también es posible en cualquier dimensión superior. Ahora bien, para facilitar las cosas, quedémonos con la superficie bidimensional.

¿Qué ocurriría si aplicáramos este modelo matemático al tiempo o, para expresarlo de forma más modesta, al tiempo histórico? Hagámoslo de entrada por simple curiosidad o como diversión, como alternativa al modelo lineal del tiempo que nos ofrece la física clásica. La estructura de hojaldre ofrece unas propiedades asombrosas, que no se perciben a primera vista. ¿Cómo se comporta, por ejemplo, un punto cualquiera en el cuadrado original cuando sometemos la masa a la transformación pastelera? Este punto A, imaginémonos un grano de azúcar o una uva pasa, va cambiando de posición de forma extrañísima, por ejemplo así:

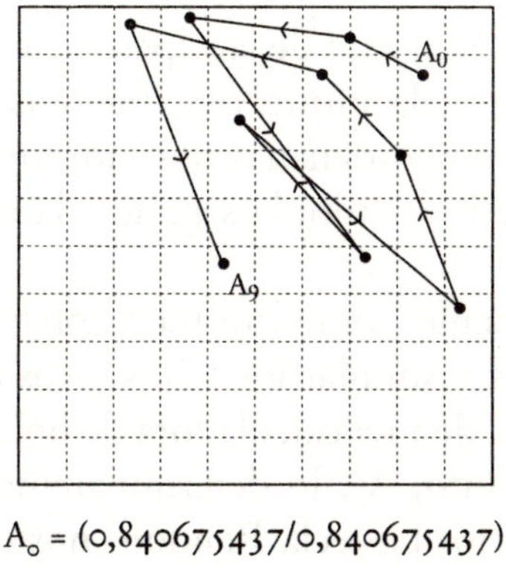

$A_0 = (0{,}840675437/0{,}840675437)$

Un segundo punto B, muy cerquita del punto A, se aparta rápidamente de éste y recorre una trayectoria completamente diferente:

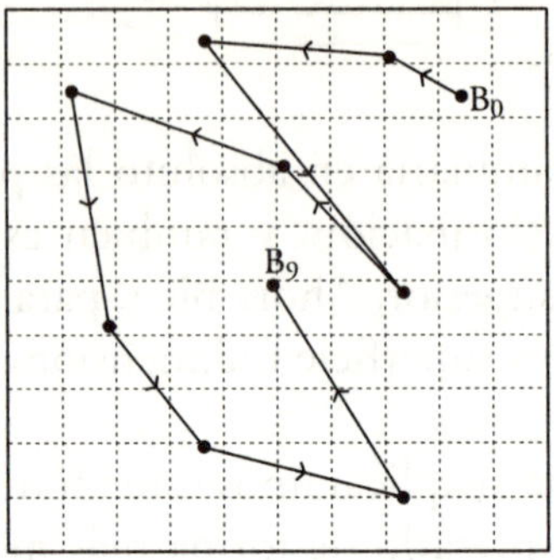

B_o = (0,846704216/0,846704216)

Ambas trayectorias parecen casuales, a pesar de ser el resultado de un proceso estrictamente determinista. Si disponemos de todos los datos de la posición inicial, podemos calcular las trayectorias.

Pero como normalmente no calculamos empleando el sistema binario sino el decimal, simplificaremos las cosas si en lugar de cortar la masa en dos partes la dividimos cada vez en diez franjas, con cada una de las cuales obtendremos el siguiente cuadrado.

Si damos a la longitud de la superficie original el valor 1, podremos definir cada punto por dos fracciones decimales: la primera de estas coordenadas nos indicará la distancia con respecto al borde izquierdo; la segunda, la distancia con respecto a la base.

Un truco sencillo nos permitirá entonces dejar de lado el rodillo de amasar y simular los saltos locos de los puntos A, B, C... con ayuda de una calculadora de bolsillo.

El primer punto, A_o, lo determinaremos con ayuda del generador aleatorio. La tecla Random nos ofrece, por ejemplo, los valores 719260839 y 061492. Las correspondientes fracciones decimales nos indicarán entonces las coordenadas de A_0: 0,719260839... y 0,061492... Es un juego de niños calcular de este modo el movimiento que el punto elegido, A_0, realiza a cada nuevo paso de la transformación pastelera. Para ello sólo tendremos que sacar la primera decimal del primer número y colocarla como primera decimal del segundo valor. De este modo obtendremos en cada caso la siguiente posición de

A:	0,719260839...	0,061492...	(A_0)
	0,19260839...	0,7061492...	(A_1)
	0,9260839...	0,17061492...	(A_2)
	0,260839...	0,917061492...	(A_3)
	0,60839...	0,291706149...	(A_4)
	0,0839...	0,629170614...	(A_5)
	0,839...	0,062917061...	(A_6)
	0,39...	0,806291706...	(A_7)

(Los matemáticos denominan este truco desplazamiento de Bernoulli, por el famoso suizo que lo inventó.) En la superficie cuadrada, la trayectoria de A queda gráficamente plasmada del siguiente modo:

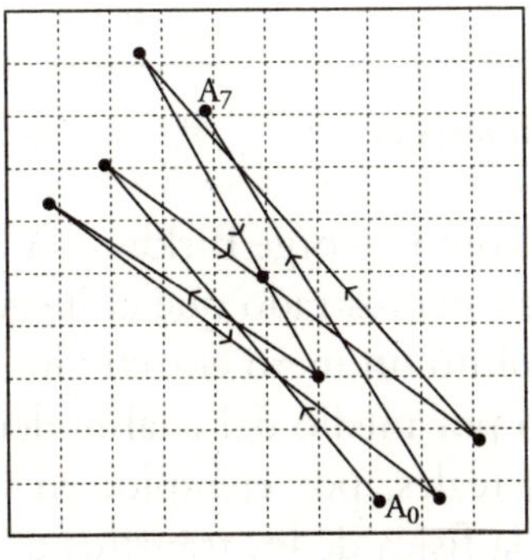

A_0 = (0,719260839/0,061492)

Si conocemos con bastante exactitud las coordenadas de partida (ya sea porque se trate de fracciones periódicas o porque el número aleatorio tiene muchas cifras detrás de la coma), podremos continuar este juego bastante tiempo, es decir, podremos predecir cómo seguirán moviéndose los puntos A, B, C...

Ahora bien, ¿qué ocurrirá cuando no conozcamos ambas coordenadas, sino sólo una de ellas? La información de la que disponemos entonces será parcial y en lugar de un proceso previsible tendremos que fiarnos del azar. Nos será imposible prever qué saltos dará el punto elegido en el cuadrado. (La misma paradoja se da en las operaciones que realiza el generador aleatorio que nos ha suministrado el número de partida; también él trabaja con un programa estrictamente definido y, a pesar de ello, produce valores imprevisibles.)

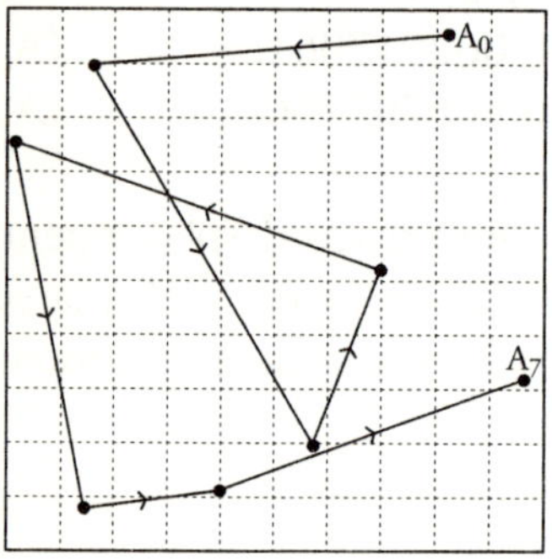

A_o = (0,815701396/0,945341)

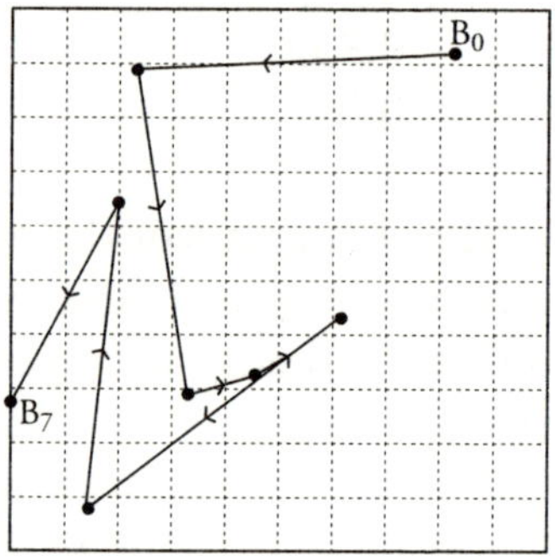

B_o = (0,823462001/0,920311)

Matemáticos como George Birkhoff, Vladimir Arnol'd y Stephen Smale han demostrado que el juego del hojaldre no constituye en absoluto un mero entretenimiento, sino que es un procedimiento por medio del cual podemos modelar numerosos procesos reales, por ejemplo, en los campos de la mecánica celeste, la física de los tránsitos de fases, la dinámica de los fluidos y la teoría cuántica.

Quizás este procedimiento también pudiera aplicarse a la estructura del tiempo histórico, a sus capas y pliegues, a su irritante tipología. Tampoco en este campo tenemos la posibilidad de prever el futuro a partir de un pasado imaginado como lineal. Sabemos por experiencia que no conocemos las consecuencias de nuestros actos más allá del primer paso. La extrapolación fracasa. La futurología se limita a interpretar el poso del café. Los pronósticos coyunturales y bolsísticos yerran con la misma regularidad que los oráculos de los políticos.

A semejanza de lo que sucede en la física, la imposibilidad de realizar unos pronósticos fiables no invalida la causa-

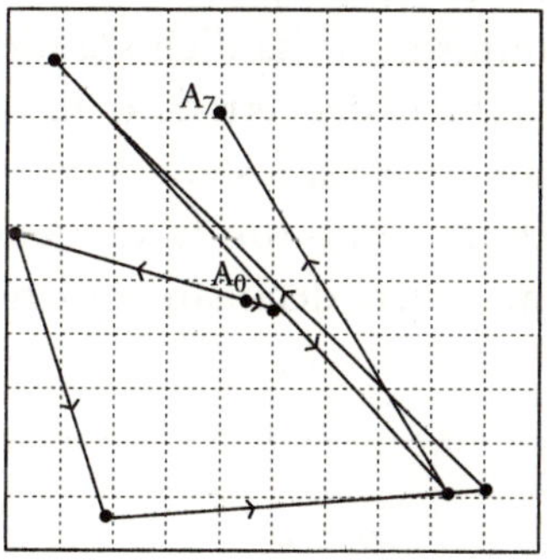

A_0 = (0,450190840/0,465071)

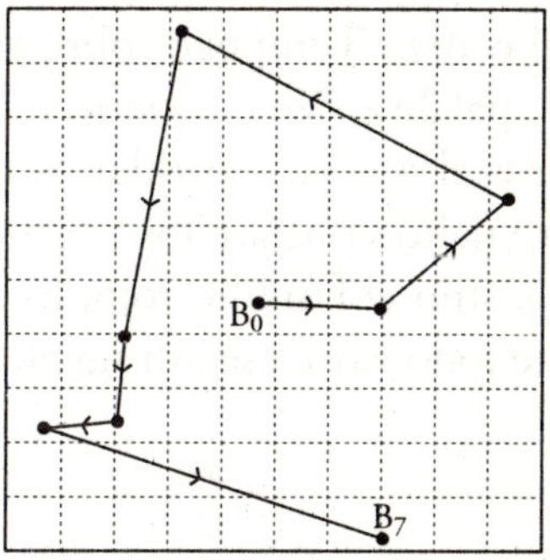

B_0 = (0,469322070/0,458113)

lidad. También lo imprevisible está determinado, pero sin embargo se comporta de tal forma que nosotros nunca disponemos de un conocimiento completo de todas las premisas, y ello no sólo por lo fragmentaria que necesariamente nos llega toda la tradición heredada.

El contemporáneo moderno que se las sabe todas, se lleva las manos a la cabeza. Siempre hay alguien a quien estorba el unísono del presente, la buena armonía de la simultaneidad. Sociedades enteras se comportan de forma obstinada. En lugar de avanzar por la única vía posible del crecimiento, muchos se niegan a seguir la corriente del tiempo y los consejos del Fondo Monetario Internacional. A pesar de estar subdesarrollados, no quieren darse cuenta de que sólo es cuestión de tiempo hasta que alcancen los estándares de los Estados Unidos. En todos los continentes existen minorías tozudas que se aferran a conceptos anacrónicos. Para justificar sus pretensiones, los incorregibles invocan batallas libradas varios siglos atrás y con tales argumentos reúnen a centenares de miles de personas bajo banderas de reminiscencias medievales. Ninguna conquista de la época contemporánea se libra de desaparecer súbitamente, incluso existen regiones en las que ha desaparecido el Estado como personificación del orden. Tampoco sobre el comunismo se ha dicho la última palabra. Bien es cierto que el discurso del vertedero de basuras al que sus partidarios querían arrojar a los enemigos se ha vuelto contra ellos mismos. Ahora ya no son la vanguardia, sino el farolillo rojo, lo cual no quiere decir sin embargo que todo vaya a seguir igual.

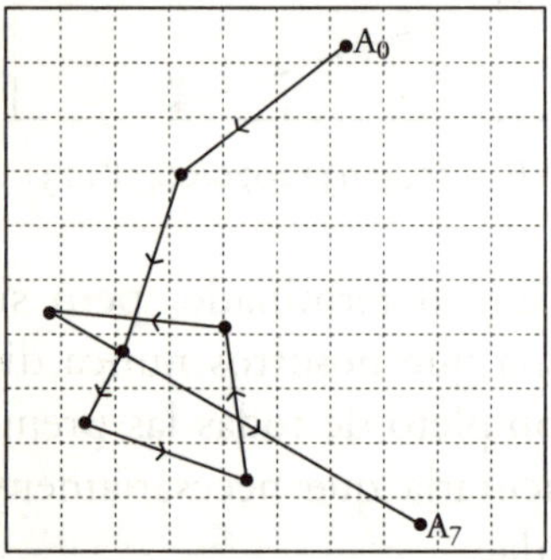

A_0 = (0,632144077/0,931948)

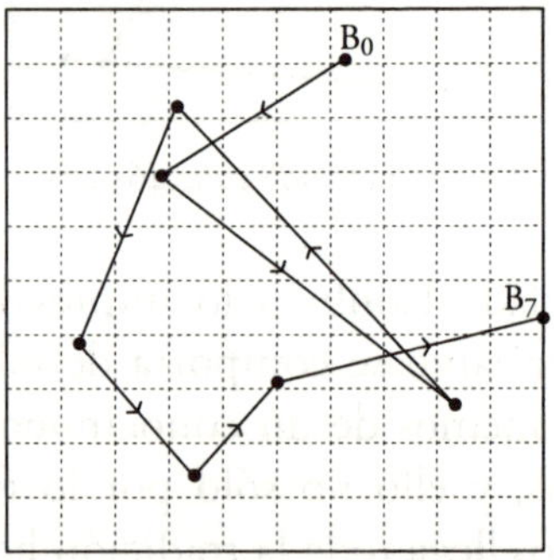

B_0 = (0,628313499/0,912880)

Pero incluso en el corazón de las metrópolis hay quien no logra superar lo anacrónico. Vuelve a imperar la hace tiempo desenmascarada y rebatida superstición, como si jamás hubiera existido la Ilustración. Lo pasado de moda celebra de forma aparentemente confusa su reimplantación. Muebles que hace poco habrían acabado tirados como trastos viejos, reaparecen en tiendas de anticuarios caras, y los cantos gregorianos, que apenas veinte años atrás no despertaban el interés de casi nadie, aparecen hoy en las listas de éxitos de la industria discográfica. No existe ninguna cosa, por muy trasnochada y desacreditada que pudiera parecernos, de la que podamos estar seguros de que no reaparezca algún día en el baile de máscaras de la cultura con el aura de lo novísimo. En resumen, el «acto atentatorio contra el decurso del tiempo, contra la cronología», no es un accidente evitable, sino un hecho inevitable.

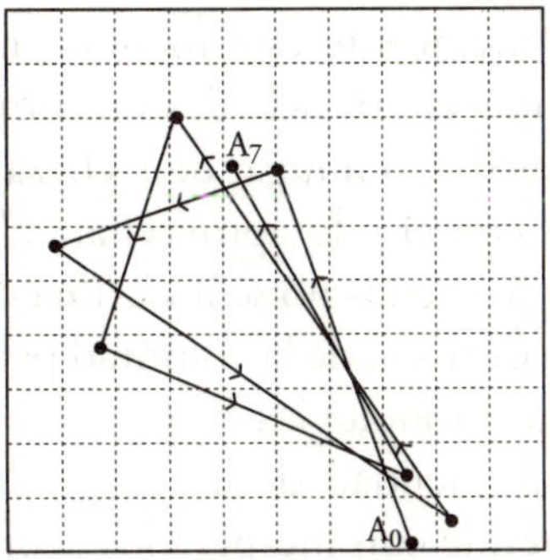

A_0 = (0,750831742/0,012542)

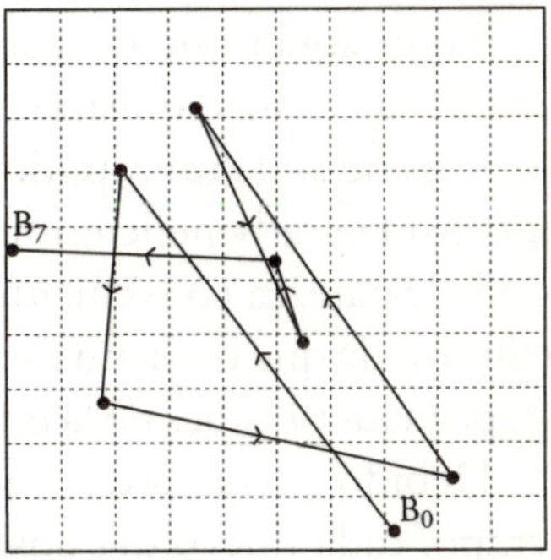

B_0 = (0,721835501/0,025431)

Si al lado del tiempo lineal de la física clásica nos imaginamos una estructura complementaria del tiempo histórico, quizás podríamos explicarnos de algún modo las cabriolas de la historia. En el hojaldre, la memoria no representa un proceso continuo; es discreta. Siguiendo el modelo de la transformación pastelera, la masa se disuelve en una cantidad infinita de puntos errantes que se separan unos de otros para volver a encontrarse más tarde, sin que nadie sepa cuándo ni por medio de qué rodeos. De este modo tienen lugar inagotables contactos entre las más diversas capas cronológicas.

Ahora bien, dado que se trata de un sistema dinámico, nunca puede producirse una repetición idéntica. Sólo en el más improbable de los casos el punto errante volverá a aparecer exactamente en el mismo lugar; casi siempre se apartará, aunque sea de forma infinitesimal, de la posición de partida. Por otra parte, siempre reaparecerá en un entorno cambiado. De todo ello se deduce que el contacto entre capas cronológicas diferentes no implica el regreso de lo mismo, sino que produce una interacción que da lugar a algo nuevo, y ello en ambos lados. En este sentido no sólo el futuro es imprevisible; también el pasado está sometido a continuas transformaciones a los ojos del observador que no posee una visión global de todo el sistema.

Todo aquel que encuentre convincente este modelo, no considerará el anacronismo como una contrariedad, sino como factor esencial de un mundo proteico. Y, en lugar de rechazarlo, considerará beneficioso contar con él y lo aprovechará allí donde le parezca conveniente. Por lo menos no será víctima de la ilusión de que basta una sencilla decisión de la voluntad para escapar a los pliegues de la estructura cronológica.

Debido precisamente a la complejidad de las capas del tiempo, cada nuevo día nos sorprende con inesperados acontecimientos y reincidencias, tanto en lo bueno como en lo malo. Y por el mismo motivo la historia siempre ha saboteado, tarde o temprano, todos los proyectos lineales. Los reaccionarios de todo tipo jamás han conseguido reimplantar la situación de algún tiempo pasado pretendidamente mejor. Y ninguna revolución política, técnica o cultural ha logrado suprimir de una vez por todas los potenciales contenidos en la ingente masa del tiempo. Esta reticencia de la realidad causa verdaderos quebraderos de cabeza a los ingenieros del cuerpo y del alma, que sólo conciben la interacción anacrónica como una resistencia sorda a sus visiones unívocas. Pero los reformadores incurablemente optimistas con respecto al futuro no son los únicos obsesionados por el pensamiento lineal; también lo son sus oponentes, que operan con unos pronósticos invertidos. Porque también los apocalípticos creen en un futuro claramente previsible, que no permite recorridos zigzagueantes ni actos no simultáneos. Su pesimismo es tan rectilíneo y falto de fantasía como el optimismo que caracteriza a los defensores del progreso imparable.

Ahora bien, el aspecto de esta interacción entre las diversas capas del tiempo histórico y las formas transformadoras capaces de ser producidas por el anacronismo son cuestiones a las que no puede dar respuesta ningún modelo formal. El desplazamiento de Bernoulli fracasa cuando se trata de cuestiones de contenido, y entonces sólo podemos echar mano de la experiencia.

Una recopilación de ejemplos microscópicos y macroscópicos quizás no nos dará una respuesta general, aunque sí unos primeros indicios. Al fin y al cabo, algunos de estos casos han sido muy bien estudiados y son muy controvertidos.

La mayor fama entre los anacronismos le corresponde al Renacimiento. Nadie se pone de acuerdo sobre su ubicación cronológica exacta. Si nos fijamos bien en él, este concepto se convierte en un plural. Hay quienes hablan de proto-Renacimiento, primer Renacimiento, Renacimiento pleno y tardo-Renacimiento; incluso hubo quien habló de un Renacimiento carolingio y otro otónico. Al fin y al cabo, a menudo este concepto también se ha aplicado a casos completamente desligados.

De todos modos, no cabe la menor duda de que en Europa hubo personas que con inaudita energía dirigieron su atención a la antigüedad, leyeron sus textos, estudiaron su filosofía, imitaron su arquitectura, en una palabra, que enlazaron con una tradición «superada» y en gran parte desaparecida. Ni los más acérrimos revisionistas, a cuyos ojos el Renacimiento fue un simple artificio, ponen en duda que dicha interacción se produjo.

Más tarde, y remitiendo a menudo a las tradiciones nacionales, este mismo nombre fue utilizado para bautizar todo tipo de movimientos de resurrección, como en el caso del renacimiento «irlandés» o «catalán». En todos estos casos se produjo un evidente ataque atentatorio contra el «decurso del tiempo».

Mientras el Renacimiento suele gozar de buena fama, el atavismo se considera una desviación especialmente reprobable del decurso ordenado de la historia. Este concepto, acuñado en 1901 por el botánico Hugo de Vries, originariamente sólo designaba las «regresiones individuales a situaciones ancestrales». Desligado del concepto biológico, hoy este concepto se aplica ante todo para descalificar a los movimientos que se oponen con mayor o menor fuerza al proceso de modernización. En tales casos, los periodistas suelen hablar del regreso a tiempos de tinieblas, como si los actuales fueran especialmente luminosos. Visto así, la Edad Media es una hoja oscura. El atavismo constituye, por así decirlo, el reflejo negativo del Renacimiento.

Las opiniones acerca de las interacciones entre las capas antiguas y recientes de la estructura del tiempo son ambiguas. Por un lado la rememoración de supuestos recursos de la historia, pero por otro el temor a la barbarie, que, por alguna causa difícilmente explicable, suele ubicarse en el pasado.

Resulta difícil resistirse a la tentación de valorar moralmente el anacronismo. Pero quizás lo escandaloso del anacronismo resida precisamente en el hecho de que se muestra inmune a tales juicios. Y es que el hojaldre contiene todas las posibilidades, tanto las positivas como las negativas, y por añadidura entremezcladas topológicamente, por lo que no permiten una clara separación.

Del mismo modo que el punto errante de la transformación pastelera difícilmente regresa a su ubicación originaria, el anacronismo nunca alcanza exactamente el punto al que pretende llegar. Más bien produce una tercera cosa, algo nunca habido, y ello en todas las gradaciones y formas de transformación, que abarcan desde el malentendido hasta la reposición, desde la revisión hasta el autoengaño, desde la apropiación productiva hasta la falsificación.

Debido a ello, el tan adorado «regreso a las raíces» jamás alcanza aquello que se había propuesto. La predilección del Romanticismo por el Medioevo cristiano erró, como todas las utopías regresivas, su objetivo. Nadie confundirá una catedral del siglo XIII con una iglesia neogótica, o una fachada de Palladio con un templo romano. Todas las religiones han conocido movimientos que pretendían volver la espalda a la corrupción del presente para volver a la pureza prístina de sus fundadores. Los ejemplos más nítidos nos los ofrecen los movimientos fundamentalistas cristianos, hindúes, judíos y musulmanes de finales del siglo XX. Lejos de querer regresar a las formas de la vida religiosa antiguas, todos ellos están marcados por las crisis de la modernización; en otras circunstancias serían inimaginables.

Casi parece como si el malentendido fuera una condición del comportamiento anacrónico. Y aquí desempeña un importante papel la proyección. El componente imaginario de renacimiento/atavismo puede –al igual que la distancia entre los puntos de contacto en la masa de hojaldre– ser mayor o menor.

Los historiadores ingleses han analizado, siguiendo una fórmula acuñada por Eric Hobsbaum, la *invention of tradition,* una práctica que alcanzó su período de florecimiento en el siglo XIX. Con el fin de legitimarse, gobiernos y partidos, defensores del *statu quo* y revolucionarios, desentierran unas tradiciones traídas por los pelos. Tanto si se trataba de la ceremonia de coronación de la monarquía británica, de la popularización de trajes típicos pretendidamente antiquísimos, de mártires nacionales o rebeldes heroicos, la intervención de la fantasía alcanzó proporciones notables. Pero no todos los implicados fueron tan sinceros como Gonzague de Reynold, ideólogo del catolicismo conservador suizo, quien invitó a sus conciudadanos a «regresar a las tradiciones antiguas y, en caso necesario, inventarlas».

Entre la imitación y la falsificación sólo media un pequeño paso. Pero incluso en los casos en que se traspasa este umbral, el contacto con la capa cronológica más antigua es un requisito imprescindible para que la operación llegue a buen fin. Cualquier fraude que pretenda tener éxito precisa de un núcleo auténtico, por lo que el falsificador debe tener un conocimiento lo más profundo posible del pasado. Cuando el escocés James Macpherson escribió sus *Cantos osiánicos,* toda Europa vibró de entusiasmo. El autor había afirmado que su obra era una traducción del gaélico y que el supuesto original databa del siglo III. Durante mucho tiempo la pretendida reliquia fue considerada auténtica, lo cual tuvo unas consecuencias de enorme alcance. En efecto, la falsificación de Macpherson desencadenó el renacimiento de la cultura celta, a la cual deben sus impulsos motores los estudios de la historia tanto escocesa como irlandesa.

Cuando diversas fracciones del movimiento estudiantil de 1968 invocaron la revolución permanente de Trotski y la idea del partido bolchevique de cuadros, incurrieron involuntariamente en la parodia, aunque al mismo tiempo fomentaron la reaparición de tradiciones ya enterradas de la izquierda europea. Y es que también las formas irisadas del anacronismo pueden ser productivas.

Pero sería exagerado querer afirmar lo mismo de sus manifestaciones más fugaces y triviales, que emprendieron su marcha triunfal bajo el lema del posmodernismo. ¿Desaparecerá en un plazo relativamente breve este baile de disfraces de los nostálgicos? Nadie sabría decirlo. En todo caso, el reciclado a escala industrial ofrece un panorama desolador. Las estrategias del saqueo cultural y de su comercialización adoptan nombres como retro, *remake* y *recycling*, aunque el entusiasmo por este mercadillo ideológico y artístico se mantiene dentro de unos límites. Este anacronismo comercial evita todo lo esencial. Sustituye el punto errante por el cálculo. Es incapaz de lograr descubrimientos, dado que le falta la disposición al conflicto, al acto atentatorio, elemento fundamental para que la interacción con las capas antiguas de la estructura del tiempo pueda llegar a ser productiva. De todo ello podríamos concluir que también el anacronismo ha conocido días mejores, y que por añadidura amenaza con volverse anacrónico.

Pero esto sería precipitarnos, sería un intento de pronosticar lo imprevisible y, por lo tanto, estaría condenado al fracaso. El inesperado resto no se puede eliminar de ninguna de las maneras. Y aquí hablo, sin petulancia pero tampoco sin pudor, en nombre propio. Porque si existe una figura anacrónica por excelencia, ésa es la del poeta.

Posiblemente no exista ninguna otra figura cuya muerte haya sido anunciada tantas veces. Cualquier economista puede demostrar sin dificultad que el poeta desarrolla una actividad que, de acuerdo con las leyes de mercado, no debería existir. Y los teóricos de los medios, que desde hace décadas proclaman con entusiasmo el fin de la escritura y la muerte de la literatura, hoy son ya legión y su júbilo por la simultaneidad parece no tener fin.

Uno de los más inteligentes de entre ellos, Jochen Hörisch, ha comparado la poesía con el papel moneda: «Ambos son ficticios, ambos realizan una interacción moralmente espinosa y practican un intercambio universal con casi todo (el dinero lo convierte todo en mercancía, la poesía convierte todo en tema propio), ambos simulan (o fingen), ambos son elementos de la Galaxia de Gutenberg, y en la era de los medios de comunicación ambos devienen fenómenos anacrónicos.» Pero el Terminator no acaba aquí, pues prosigue con un giro virtuoso: «He aquí el pronóstico [!]: el futuro del libro (literario) es su anacronismo, incluso en lo referente a su forma exterior. Los comunicados seguirán publicándose en forma de libro, pero toda la información se almacenará en soporte electrónico.»

Pero por el momento este fenómeno persiste, incorregible, *out of harmony with the present,* como tan bellamente lo expresa el diccionario. A despecho de cualquier rentabilidad reaparece en los lugares más insospechados, cual uva pasa en la masa de hojaldre, cuya trayectoria futura nadie puede predecir.

OBSERVACIONES

La cita está sacada del primer capítulo del libro segundo y del segundo capítulo del libro tercero de los ensayos de Montaigne, que llevan por título «De la inconstancia de nuestros actos» y «Del arrepentimiento».

El famoso pasaje de las *Confesiones* de san Agustín pertenece al libro 11, párrafo 14. Las definiciones del anacronismo pueden leerse en *Meyers Enzyklopädischem Lexikon* y en el *Oxford English Dictionary* de 1971. La exposición de la transformación pastelera sigue básicamente el ensayo de Ivar Ekeland *Le calcul, l'imprévu,* París, 1984; en 1985 apareció en Munich una traducción alemana bajo el título *Das Vorhersehbare und das Unvorhersehbare.* Otra interpretación la dieron Ilya Prigogine e Isabella Stengers en *Dialog mit der Natur,* Munich, 1981. De importancia fundamental es el trabajo de V. Arnol'd y A. Alvez, *Ergodic Problems of Classical Mechanics,* Nueva York, 1968. Gonzague de Reynold ha sido citado según Christoph Keller, «Der Homo alpinus helveticus», en *Passagen,* cuaderno 19, Zurich, 1995. El ingenioso libro de Jochen Hörisch, *Kopf und Zahl. Die Poesie des Geldes,* apareció en 1996 en Frankfurt.

Los diagramas del hojaldre han sido realizados por Klaus Meyer y Jan Riemer (Munich).

Traducción de Michael Faber-Kaiser

ADMIRACIÓN

Se maravilla por doquier, tiembla,
un sano estremecimiento, afirma, le sobreviene,
lo que siente se puede expresar con palabras
sólo de caso en caso:

Así se ha encontrado con una máquina regadora
con treinta mil partes móviles
que nadie sabría contar
y menos aún construir según el modelo –
y sin embargo silba, claquea, humea tranquilamente,
imperturbable; también el aparato síquico de la abuela,
inmóvil en su mecedora, produce como siempre
detrás de la frente arrugada celos,
ansias, perfidia, euforia;
o la adormidera, *papaver somniferum*, gris blanquecina,
infaliblemente manchada en su interior de violeta intenso,
nunca se equivoca: pétalos, sépalos, carpelos,
orlas de vello, labios del estigma, todo elevado al cuadrado;
y finalmente el esfínter,
se le viene con frecuencia a las mientes que hace su trabajo
limpiamente, y además, cuando ha sido excelente,
cuatro veces cuatro veces durante cinco años:
todo esto sensible, frágil –
cuando sólo basta un puntapié, un grano de arena, una
[fisura,
un casco de granada, o una décima de gramo de atropina...

Mientras más comprende en detalle, y él
comprende prácticamente todo, basta echar mano al
[registro:
Síntesis-de-auto-anticuerpos en el ratón de Nueva Zelanda,
movimiento y vibración en el clavecín bien templado,
teoría cuántica de campos supersimétrica, etc.,
tanto menos comprende el conjunto,
a veces también al contrario; o sea que sólo le queda,
antes de dormirse, el estremecimiento.

Una aclaración no ha lugar. Placer sólo
evidentemente no es; todos se excusan diciendo
que están cansados, colgados, no quieren saber nada;
esto lo comprende, pero no le convence.

Por el contrario, no hay ninguna panacea contra este afán,
no ve el fin. ¡Vuestra energía, exclama burlonamente,
quisiera tener yo! Y con voz más débil
asegura con interrupciones que nos considera
desesperadamente invencibles,
desde la hormiga hasta el cirujano último.

Él por su parte se queda de una pieza,
ante la maravilla, se olvida totalmente de comer,
y se entrega, estremeciéndose, a la entropía.

Traducción de José Luis Reina Palazón

EN ALTAS REGIONES PERTURBACIONES TORMENTOSAS

Mirados desde los Alpes Calizos
qué frescura, estos datos
que prescinden de mí, pero no al contrario.
Micro y macro, desde la flora intestinal
hasta las galaxias, todo
lo que alcanza la vista y mucho más lejos.

Imponente, aunque
los detalles me son desconocidos,
p. ej. lo que es el rayo, ni zorra idea,
del abracadabra de los físicos
no entiendo nada, por no hablar
de los confusos discursos de los filósofos.

Distribución desigual de carga,
enlaces homeopolares,
bifurcación – el mensaje
lo oigo sin duda, pero un chaparrón
es algo diferente.

Me baño en una tormenta
de ignorancia. Reconfortante.
Del ser de lo existente
apenas puede afirmarse esto.
Venerar tranquilamente lo ininvestigable.
De acuerdo, pero me resulta más fácil
si los corifeos se callan la boca.

Lo que es la montaña, no lo sé decir,
pero estoy sentado en la montaña,
para el rayo soy superfluo.
Me es dado.
Eso basta.

Traducción de José Luis Reina Palazón

EL OBISPO BERKELEY EN EL ÁLBUM DE RECUERDOS

Mudo me asegura el mundo
que está ahí, paciente,
momentáneo, siempre de nuevo:
el polvo, vibrando en el calor,
sobre el pulgar el martillo,
con sus garras el gato,
también aquella nube que pasa por allí,
que nadie imita
tan fácil a la realidad.

No pregunta por vosotros,
queridos místicos, no se expresa
cuando lo tenéis otra vez
por engaño de los ojos.
«Constructivismo»,
cháchara filosófica,
ensoñaciones físicas,
«un par de quarks y nada más»,
hablad de otro asunto.

No os escucha el mundo
con sus ojos de gato.
Os deja hablar, paciente,
hasta que ataca
con sus garras, juega aún
un poquito con vosotros,
os olvida y permanece.

Traducción de José Luis Reina Palazón

LO FALSO

Un amigo mío, Berlín Este, Leipziger Straße,
Deutsche Akademie, hace poco que ha abierto
a la ciencia un campo absolutamente nuevo:
la lingüística de los errores. Sí,
ahí hay mucho que hacer.

Como profano no me puedo permitir ninguna valoración,
pero tengo la impresión
de que las faltas se multiplican:
ratones blancos, albinos con ojos rojos,
que trepan unos encima de otros,
sobre sillones y camas
y cada vez arrojan más ratones blancos.

Conversaciones en la ventanilla del banco,
opiniones sobre la banda de los cuatro,
líneas de conducta para el futuro del género humano.
Falsa conciencia, dicen los filósofos.
Si fuera sólo eso.

Frenar o acelerar,
pantalones con o sin dobladillos,
tu moral o la mía.
Quien se cree en derecho
ya está condenado.

Liberarse paleando de una montaña
de cada vez más mohosas palas,

con las puras manos – temo
que no tiene sentido. Todo al revés,
probablemente también esta frase.

Cuando se escuchan un tiempo
las propias palabras,
cómo zumban en la propia cabeza –
uno desea apretar los ojos
como un niño pequeño,
cerrarse los oídos
y sobre todo no decir nada más.
Pero esto sería falso.

Traducción de José Luis Reina Palazón

ENIGMA DEL UNIVERSO

La cifra de casos desconocidos, el celo, la pelea –
¿tienen que darse?
¿Por qué $h = 6.625 \times 10^{-34}$ J. s
y ni una pizca más?
¿Cuántos dioses, si es que los hay?
¿De dónde ese repentino buen humor
en la bañera?
Estupidez indomable: ¿demasiado
pequeño el cerebro de primate o demasiado grande?
Qué curioso siempre anda por aquí
una mariposa sin retribución por el disfrute.
Continuamente vivir y morir,
consumirse y a otros,
pero ¿para qué fin?
¿Por qué «yo» y para qué?
¿Qué significa, por favor, este eterno preguntar?
¿Para qué siempre fidelidad y honradez,
y por qué no? ¿Quién es culpable
de los progresos inevitables?
¿Hubo antes del big bang
también tantas depresiones?
¿Qué pasa con el deporte,
el odio y el dinero?
¿Por qué no hay más bien menos
o más? ¿Y por qué no hay
más bien nada?

Traducción de José Luis Reina Palazón

LO DEFINITIVO SOBRE CUESTIONES DE CERTEZA

Hay enunciados.
Hay enunciados que son verdaderos.
Hay enunciados que no son verdaderos.
Hay enunciados en los que no se puede decidir
si son verdaderos o falsos.
Hay enunciados en los que no se puede decidir
si el enunciado que no se puede decidir
si es verdadero o no,
es verdadero o no,
etc.

Traducción de José Luis Reina Palazón

CONVERSACIONES CADA VEZ MÁS CORTAS

«Bienaventurado aquel que no anduvo
en consejo de los sin Dios...»[1]
Cámbiese con tacto el tema.

«El sentido de la vida...»
¡Penoso desliz!

«Se trata de revolucionar todas las condiciones
en las que el hombre
es un ser humillado...»[2]
Todos bostezan, se molestan, ríen.

Contra eso genomas a la medida,
inmortalidad en el disco duro –
¡Oh ciencia! ¡Éxtasis! ¡Eutanasia!
¡Somníferos que hacen milagros,
cuando el curso va al sótano!

Traducción de José Luis Reina Palazón

1. Salmos 1. *(N. del T.)*
2. Karl Marx, *Crítica de la filosofía del derecho hegeliana,* 1844. *(N. del T.)*

MODELO PARA UNA TEORÍA DEL CONOCIMIENTO

Aquí tienes una caja,
una caja grande
con una etiqueta que dice
caja.
Ábrela,
y dentro encontrarás una caja,
con una etiqueta que dice
caja dentro de una caja cuya etiqueta dice
caja.
Mira adentro
(de esta caja,
no de la otra)
y encontrarás una caja
con una etiqueta que dice...
y así sucesivamente,
y si sigues así,
encontrarás
tras esfuerzos infinitos
una caja infinitesimal
con una etiqueta
tan diminuta,
que lo que dice
se disuelve ante tus ojos.
Es una caja
que sólo existe
en tu imaginación.

Una caja
perfectamente vacía.

Traducción de Heberto Padilla,
con la colaboración de Hans Magnus
Enzensberger y Michael Faber-Kaiser

VII

LA POESÍA DE LA CIENCIA

Una posdata

La matemática es una poesía de ideas.

ARMAND BOREL

1

Chacun devient idiot à sa façon: cada cual se vuelve idiota a su manera. Esta máxima procede de Peter Esterházy, el vástago de una familia principesca que ha ilustrado su propio aserto de una forma brillante haciéndose primero matemático, luego futbolista y al final de todo un famoso novelista. Quizá aluda con él a una clásica injuria del siglo XVIII. Por entonces los varones de formación universitaria se insultaban unos a otros llamándose *idiot savant.* Es posible que todavía hoy se le ocurra a cualquier estudioso uno u otro colega para los que sería adecuada esa caracterización. La aparición masiva del idiota especializado es presumiblemente una consecuencia inevitable de la diversificación de las ciencias. Incluso en el interior de la propia especialidad han crecido las dificultades de comprensión. Casi nadie se atreverá a afirmar que domina el panorama de la investigación en todos los campos de las ciencias exactas. El discurso al uso de la interdisciplinariedad no puede engañar sobre la relación existente entre aumento de saber y estrechez de miras.

Tanto menos puede sorprender por ello que desde hace tiempo no quepa ya hablar de un horizonte cultural común de las ciencias humanas y naturales, no hablemos ya de las artes. La realidad ha dejado atrás la célebre tesis de P. C. Snow de las dos culturas. Con diferenciación creciente e igual justificación se podría hablar hoy de tres, cuatro o cinco culturas. En esto el diagnóstico de 1959 del físico y novelista inglés ha demostrado ser demasiado optimista para el régimen del pluralismo babilónico.

2

La figura del *idiot savant,* del «científico como idiota», no es pensable sin su correlato, que seguramente es mucho más fácil de encontrar. El *idiot lettré* es una especie que prolifera entre especialistas en humanidades, artistas y escritores, y que quizá se sienta todavía mejor en su limitación que su imagen especular. Cada uno de nosotros, como se sabe, es extranjero en casi toda la Tierra, y asimismo cada cual es semianalfabeto o analfabeto completo en casi todos los ámbitos del saber. Ver esto es una cosa, otra distinta es ya estar orgulloso del estatus de ignorante. El investigador de Shakespeare que nunca ha leído una página de Darwin, el pintor a quien se le nubla la vista cuando se habla de números complejos, el psicoanalista que no sabe nada de los resultados de los investigadores de los insectos y el poeta que no puede escuchar a un neurólogo sin adormecerse: ¡he aquí figuras involuntariamente cómicas, no muy alejadas de la variante del entontecimiento de que uno mismo es culpable!

3

Naturalmente que las cosas no siempre han sido así. Para ver esto no hacen falta conocimientos históricos muy profundos. Que la filosofía, la creación poética y literaria y la ciencia en su origen iban cogidas de la mano, no es desde luego un secreto. Su raíz común es el mito. La astronomía era en sus comienzos una práctica mágica, inseparablemente ligada a la astrología. Fueron los filósofos presocráticos los que fundaron la física en Europa. Empédocles es autor de una cosmogonía poética, y Pitágoras de Samos, a quien la matemática debe teoremas legendarios, era un místico.

Cosas muy parecidas son válidas para los comienzos del pensamiento científico en la India. La matemática sacral de los sulvasutras se remonta al primer milenio antes de Cristo. Tampoco en Mesopotamia, Egipto y China podían separarse la religión, la filosofía, la ciencia y la poesía.

4

En su gran poema didáctico *De rerum natura* ha recorrido Lucrecio todo el horizonte científico de su tiempo. Quiere, lo dice Italo Calvino, «escribir el poema de la materia, pero inmediatamente nos hace observar que la verdadera realidad de esa materia consiste en corpúsculos invisibles. Es el poeta de la concreción física vista en su sustancia perpetua e inmodificable, pero es el primero que nos dice que el vacío es exactamente igual de concreto que los cuerpos sólidos... Incluso cuando está estableciendo las rigurosas leyes de la mecánica que determinan todos los acontecimientos, siente la necesidad de conceder a los átomos desviaciones imprevisibles respecto a la línea recta, de tal modo que se garanticen libertades tanto a la materia como al ser humano. La poesía de lo invisible, la poesía de las posibilidades infinitas e imprevisibles procede por tanto, como la poesía de la nada, de un poeta que no tiene dudas sobre el carácter concreto del mundo.»

5

La tradición del poema didáctico, tal y como fue establecida por los antiguos, ha sobrevivido a la Edad Media y alcanzado un nuevo florecimiento en el Renacimiento. Los poetas, los pintores, los arquitectos y los filósofos se han apropiado ávidamente de las investigaciones científicas de sus contemporáneos. A menudo, como en el caso de Cardano, Durero y Leonardo, ese interés iba de la mano de la producción artística. Giordano Bruno y Cyrano de Bergerac no trazaban fronteras entre poesía y ciencia. Hasta avanzado el siglo XVIII apenas puede hablarse de una separación entre ambas esferas. Para su monumental Enciclopedia estableció Diderot una alianza de grandes consecuencias con el matemático d'Alembert. Lichtenberg, a quien por otra parte hay que agradecer la invención de la fotocopia, era un físico apreciable, y Goethe estaba apasionadamente interesado en cuestiones geológicas, botánicas y fisiológicas, por no hablar de la obstinada especulación que fue la *Teoría de los colores.* Uno de los últimos poemas didácticos importantes es la *Metamorfosis de las plantas,* que quedó fragmentario. Todavía a los románticos les era ajena la estricta separación de la esfera científica y la literaria. Autores como Ritter, Carus y Chamisso han trabajado por su parte como naturalistas, y el *Borrador general* nos da testimonio de los amplios estudios matemáticos, químicos, físicos y biológicos de Friedrich von Hardenberg, conocido como Novalis.

6

Todo habla a favor de que el gran cisma entre las ciencias naturales, por una parte, y las artes y las *humaniora* por otra, es un típico invento del siglo XIX. La progresiva especialización del saber y su encapsulamiento en el ámbito universitario, el desarrollo de la jerga científica y la victoria del positivismo son causas y síntomas al mismo tiempo de ese desarrollo. La actitud reduccionista de muchos científicos naturales, ligada a menudo a una cierta arrogancia, puede haber contribuido a que se produjeran reacciones alérgicas por parte de las artes y las ciencias de la cultura. Esta pelea entre hermanos en la casa de la *intelligentsia* ha durado ya suficiente tiempo, y, como siempre en estos casos, las actitudes hostiles de los participantes en estos torneos se determinan recíprocamente. El *idiot savant* y el *idiot lettré* se parecen más de lo que ellos suponen.

7

En estas condiciones no sorprende que en el siglo XIX se haya extinguido prácticamente el antiguo poema didáctico, quizá en perjuicio de la literatura. Su epitafio procede de Balzac, lleva el título de *Bouvard et Pécuchet.* En este altamente irónico proyecto enciclopédico en prosa se exhibe de manera despiadada el cisma de la cultura. El resultado es el ridículo, del que nadie queda libre, puesto que los deplorables héroes de Flaubert corporizan las idiocias complementarias de ambas partes. «Así, todo se les rompía entre las manos.» Como un eco lejano de sus apasionados esfuerzos suena el malfamado asunto Sokal, en los años noventa del siglo pasado, un ridículo de formato comparable y que le ha costado algunos silbidos al guiñol de la deconstrucción.

8

Pero pudiera ser que el siglo XIX también haya llegado a su fin a este respecto. Al principio inadvertidamente, luego de forma más visible cada vez van tomando las cosas otro aspecto. Se van abriendo nuevos pasos de frontera. Quizá esté la literatura en camino de liberarse de la minoría de edad científica, de la que ella misma era culpable. Uno de los primeros entre los que no se conformaron con su papel de *idiot lettré* fue Raymond Queneau. No sólo editó en la Pléiade una enciclopedia científica y escribió un libro sobre la matemática moderna *(Bords*, 1963), de él existe también una *Petite cosmogonie portative* (1950) y un poema basado en un modelo combinatorio *(Cent milliards de poèmes*, 1961). En la obra de Primo Levi, que era químico de profesión, las ciencias naturales juegan un papel central. En la *Summa technologiae* (1963), de Stanislaw Lem, no sólo se traslucen extensos conocimientos de informática y cosmología, además de eso despliega asombrosas intuiciones de carácter pronóstico. El *Gravity's Rainbow,* de Thomas Pynchon, es inimaginable sin una múltiple ambición erudita al nivel de la investigación científica actual.

9

También algunos líricos se han emancipado de los esquemas del siglo XIX y han comprendido que la poesía puede tratar de todo lo que hay. El tonto malentendido de que debe especializarse exclusivamente en la expresión de los sentimientos, es igualmente heredero de ese siglo XIX que se pudre poco a poco. Cada vez hay más poetas que en su obra tematizan ideas científicas. Inger Christensen, presumiblemente la poeta danesa más importante de la actualidad, recurre en su épico *alfabet* a la teoría de los números y al análisis combinatorio; para ser más exactos, el poema se basa en la serie de Fibonacci. En el trabajo de Durs Grünbein desempeñan la fisiología y las disciplinas neurológicas un papel esencial, y la autora británica Lavinia Greenlaw se inspira en su poesía en ideas de la biología, la teoría de la comunicación y la historia de la ciencia. Algunos ejemplos de estas interacciones:

10

Lars Gustafsson, *Discusiones*

Los manuales antiguos de acústica
nos aconsejan extraños experimentos:

Éntrese en un patio absolutamente simétrico
limitado por paredes por todas partes
que formen ángulos rectos entre sí
váyase a una de las esquinas
y hágase un disparo de pistola.

Hay un punto donde el disparo es inaudible.

Has alcanzado el nudo acústico:
el ojo no lo percibe.

Agrúpese a tres personas
en una determinada relación angular
en torno a la superficie totalmente brillante de un lago
y hágaselas gritar con un determinado ritmo
unas a otras: «Aquí.»

No pasa mucho tiempo, y se oyen gritos de «Aquí aquí aquí»
procedentes de todas partes, ininterrumpidamente,
y uno no puede distinguir ya de las voces de los otros
la propia.

¡Qué antífona más graciosa!

Y un pequeño reloj eléctrico
puesto bajo una campana de cristal
(una bomba aspiradora saca el aire)
de hecho al final ya no se oye.

De esta forma se confirma la sospecha
de que el medio portador no es fiable,
de que, extrañamente, puede actuar por cuenta propia.

Por cuenta propia, por cuenta propia.

El tiempo que todavía queda es siempre muy corto.
Sólo quien está muy solo produce sonidos.
El invierno es muy frío. Todos los botes están atrapados en
[el hielo.

Y con tiempo claro patines, trineos rojos
con un ruido como de relojes pequeños,
bajo la «campana de cristal hermética».

Silencio, alguien está hablando, ¿eres tú o soy yo?

¡Eco, graciosa ninfa de voz truncada!

11

Alberto Blanco, *Teoría de la evolución*

Que unas cosas vienen de otras,
es una verdad que podemos constatar
sin necesidad de cálculos ni de teoría alguna.

Que en la red infinita de los cambios
hay seres que proceden de otros
es tan evidente que cabe preguntarse:

¿cómo es posible dudar a estas alturas
de la teoría de la evolución?

«El hombre es –dice Shakespeare
y lo repite Milton– una obra maestra.»

Pero claro que cuando observamos
que la nube se convierte en lluvia
la lluvia en granizo y el granizo en lodo,
uno se pone a dudar de todo, seriamente.

12

Miroslav Holub, *Un clamor lejano*

El 6 de julio de 1885
en Alsacia un perro rabioso
atacó a Joseph Meister, de nueve años,
y le mordió catorce veces.

Meister fue el primer paciente
que pudo salvar Pasteur
con su vacuna,
una dosis trece veces superior
al virus atenuado.

Pasteur murió diez años después
de una apoplejía.
Meister entró como portero
al servicio del Institut Pasteur.
Cuando tenía cincuenta y cinco años
se mató y mató todo un grupo
de pobres perros
cuando entraron los alemanes.

Sólo el virus ha sobrevivido.

13

¿Quién sabe el porvenir que espera a estos encuentros de poesía y ciencia? ¿Se trata de meros encuentros fortuitos o se anuncia aquí una despedida del *idiot lettré* y un regreso a la creación literaria y poética *inteligible?* Ya con una mirada fugaz a la situación del mercado podría uno ponerse escéptico. Mientras la poesía es un medio minoritario, las disciplinas científico-naturales han ascendido a la condición de superpotencia cultural. Por eso cualquier encuentro de ese tipo produce la impresión de ser un juego desigual.

Pero un juicio tal sería apresurado, unilateral y superficial. Admitamos que los poetas que manifiestan un profundo interés por las ciencias tan sólo desempeñan un papel marginal. Las cosas toman otro aspecto cuando cambiamos la dirección de la mirada y, en lugar de examinar la ciencia en la poesía, nos vamos a buscar la poesía en la ciencia.

14

El gran especialista inglés en teoría de los números G. H. Hardy, de quien nadie podrá decir que es un representante de las ciencias «blandas», cuenta en su libro *A Mathematician's Apology* (1967) la visita que hizo a un amigo genetista llamado Steve Jones; éste, por lo visto, era versado en literatura, puesto que cita a Samuel Taylor Coleridge, un poeta del romanticismo inglés que solía asistir a las clases de química de la Royal Institution. Cuando se le preguntó por qué se tomaba esa molestia, Coleridge, al parecer, contestó: «Para enriquecer mis provisiones de metáforas.» Y Hardy observa al respecto: «Jones parecía desaprobar este empleo del conocimiento científico; él habría preferido un método más preciso. Por otra parte, ¿qué sería la ciencia sin metáforas?»

En efecto, toda narración científica –y no hay progreso en la investigación que pueda prescindir de la transmisión a través de la lengua– se fundamenta en el discurso metafórico. Todas las tentativas de los lógicos, desde Leibniz al Círculo de Viena, de reducirla al cálculo formal han acabado en el fracaso. La lengua natural ha resultado ser un medio tan imprescindible como flexible. Y precisamente en su empleo los matemáticos y científicos naturales de la modernidad han demostrado poseer una admirable capacidad de verbalizar sus planes, descubrimientos e hipótesis. Su producción de metáforas pone de manifiesto un admirable talento poético.

15

En la astronomía, la cosmología y la física hay antorchas, focos de manchas, coronas, vientos solares, luz zodiacal, ruido galáctico, radiación de frenado, gran explosión originaria, campos gauge, agujeros negros (una expresión que debemos a J. A. Wheeler), nubes oscuras, líneas prohibidas, gigantes rojos, enanas blancas, fuentes estelares de rayos X, púlsares, galaxias enanas, cúmulos globulares, nebulosas en espiral, agujeros de gusano, radiación negra, ruido blanco, cuerdas y supercuerdas, espacio curvo, dimensiones enrolladas, quiralidad, familias de partículas, aniquilamiento de pares, partículas confinadas, extrañeza, túneles cuánticos, sopa cuántica y *quarks* (así llamados por Murray Gell-Mann según el *Finnegans Wake*, de Joyce; se distinguen entre los *quarks* los *strange, top, bottom, up, down* y *charm*, rojos, verdes y azules).

Los matemáticos conocen raíces, fibras, gérmenes, haces, gavillas [*Garben*], envolventes, nudos, lazos, bucles, rayos, banderas y pabellones [*Flaggen*], trazas, casquetes en cruz, cuerpos y subcuerpos, familias, esqueletos, ideales maximales, principales y nulos, anillos, ermitaños, monstruos, caminos aleatorios, líneas de fuga, grupos libres finitamente generados, variedades, conjuntos vacíos, preimágenes, puntos umbilicales, líneas de máximo declive, bordes de puente, colas de golondrina, filtros, nudos salvajes, grupos de trenzas, números túnel, polvo de Cantor, diamantes de Hodge, Stukas, mariposas y patos...

16

La tentación de continuar con estas enumeraciones es grande; podrían prolongarse durante páginas, también con ejemplos de otras disciplinas. Incluso quien no tenga ni la más mínima idea de lo que significan esos términos, advertirá la audacia con que las ciencias han conquistado nuevo terreno lingüístico, y no puede haber duda de que para ello se sirven de técnicas poéticas.

Como hace ya más de cien años sabía Karl Weierstrass, que puso los fundamentos de la teoría de las funciones elípticas, «un matemático que no tenga al mismo tiempo algo de poeta, no será nunca un matemático completo».

Niels Bohr, por su parte, dijo de la física cuántica que constituye un ejemplo de que se pueden entender muy bien los procesos físicos sin que sea posible hablar de ellos de otra forma que mediante imágenes y metáforas; puesto que su ciencia no trata de la naturaleza, sino de lo que los seres humanos pueden enunciar sobre la naturaleza, las técnicas literarias han de ser un importante componente de la física.

17

Los puntos de vista estéticos nunca han sido ajenos a la matemática y la física teórica. La mera demostración nunca les ha resultado suficiente, los mejores siempre han estado en busca de soluciones elegantes, por no decir sublimes. A este respecto el positivismo ha pecado mucho. Padecía una crónica carencia: no tenía fantasía. Esto tuvo también consecuencias para el método y para la teoría del conocimiento.

Hay muchos indicios de que las ciencias naturales se aprestan a despedirse de los dogmas del siglo XIX. El materialismo clásico se encuentra en descomposición, como su sustrato. En la cosmología y las disciplinas neurológicas ya no son tabú las ideas especulativas que no admiten una verificación experimental inmediata. Incluso los matemáticos, como es el caso de Gödel, se ocupan críticamente de la ambigüedad de sus posibilidades de conocimiento, y en la física cuántica lo impensable es algo cotidiano.

A riesgo de desconcertar a algún defensor «duro» del *statu quo*, cabe aventurar la afirmación de que la ciencia más avanzada se ha convertido en la forma contemporánea del mito. Por así decir a espaldas de su propia ideología regresan en sus concepciones, y sin que la mayoría de los investigadores lo advierta, todas las preguntas sobre el origen, los sueños y las pesadillas de la humanidad con nueva figura. Sus metáforas son sólo la expresión lingüística de esa producción mítica.

18

La poesía de la ciencia no está a flor de tierra; procede de las capas profundas. Que la literatura vaya a estar en condiciones de relacionarse con ella de igual a igual es una cuestión abierta. Al fin y al cabo al mundo le tiene que ser indiferente dónde se manifieste la fantasía de la especie, siempre y cuando permanezca viva. Por lo que toca a los poetas, estas alusiones bastarán para mostrar que sin su arte las cosas no funcionan. Invisible como un isótopo que sirve para el diagnóstico y la medición de tiempos, imperceptible pero apenas renunciable como un oligoelemento, la poesía está actuante allí donde nadie la supone.

FUENTES

Italo Calvino, *Sechs Vorschläge für das nächste Jahrhundert. Harvard Vorlesungen* [Seis propuestas para el próximo siglo. Conferencias de Harvard], trad. del italiano de Burkhart Kroeber, Munich, 1991 [trad. española *Seis propuestas para el próximo milenio,* Siruela, Madrid, 1998].

Alan Sokal y John Bricmont, «Transgressing the boundaries: Toward a Transformative Hermeneutics of Quantum Gravity», en *Social Text,* 46/47, Cambridge, Massachusetts, 1996; trad. alemana: Id., *Eleganter Unsinn. Wie die Denker der Postmoderne die Wissenschaften missbrauchen* [Elegante disparate. Cómo los pensadores de la modernidad hacen un mal uso de las ciencias], Munich, 1999.

Niels Bohr, citado en John Canaday, *The Nuclear Muse. Literature, Physics and the First Atomic Bombs,* Madison, 2000.

Lars Gustafsson, «Discusiones», en *En resa till jordens medelpunkt och andra dikter,* Estocolmo, 1966. Trad. alemana de H. M. E.: *Die Maschinen* [Las máquinas], Munich, 1967.

Alberto Blanco, «Teoría de la evolución», en *El corazón del instante.* México, D. F.: Fondo de Cultura Económica, 1998. Trad. alemana de H. M. E.

Miroslav Holb, «Un aullido lejano», del manuscrito de una traducción inglesa. Traducción alemana de H. M. E.

ADICIONES

«Si se piensa que un investigador como John Locke podía ser al mismo tiempo economista, teórico de la política, filósofo y médico y que poseía un saber con el que hoy podría ocuparse a una flota entera de especialistas, resulta claro el inmenso cambio que ha tenido lugar desde entonces... La estética y el conocimiento todavía no pertenecían a distintas esferas. La instrucción, el arte y la ciencia estaban muy próximas... Por supuesto que un hombre llamado Galileo dirigía sus escritos al "lego instruido" de la corte, de la curia y de las universidades. Quería convencer y ser entendido, con medios científicos y estéticos... ¿Fue Galileo el genio investigador sobresaliente de la modernidad a pesar de sus inclinaciones literarias y políticas? ¿Descubrió las lunas de Júpiter aunque o porque en su tiempo el arte y la ciencia coexistían sin haberse separado?»

Bodo von Greiff, «Hat Galilei seine Zeit verschwendet?» [¿Desperdició el tiempo Galileo?], en *Gegenworte. Zeitschrift für den Disput über Wissen*, cuaderno 7, Berlín, 2001.

«La metáfora reclama una ingenuidad en la que no sólo tienen sus raíces las provincias privadas y ociosas de nuestra experiencia, los mundos de paseantes o de poetas, sino asimismo los aspectos del preparado de la instalación teórica, sometidos al extrañamiento de la terminología especializada.»

Hans Blumenberg, *Ausblick auf eine Theorie der Unbegrifflichkeit* [Perspectivas de una teoría de lo no conceptualizable].

«En las disciplinas científico-naturales... a menudo se rechazan las referencias a la función cognoscitiva de la metáfora y en el mejor de los casos se toman por propaganda de las ciencias del espíritu. Si en la física es habitual el empleo de imágenes como "onda" o "partícula", esto casi siempre se interpreta como imprecisión conversacional a superar con una terminología exacta y descripciones formales. ¿Pero no podría ser que las imágenes metafóricas desempeñaran también aquí un papel constitutivo en el proceso del conocimiento?...

»¿Y si la metáfora es el eslabón de unión entre las dos (Snow), las tres (Lepenies) o las infinitamente múltiples (Feyerabend) culturas científicas? En tal caso sería su lingua franca. Críticos como Kay confirman esta suposición cuando, por razón de sus reservas, no hacen sino proponer una metáfora mejor; así, por ejemplo, el genoma habría de ser leído "mucho más como un poema que como unas instrucciones de empleo". En todo caso para ello debería proporcionarse un nuevo impulso al arte de leer poesías.»

Gerald Hubmann, «Von der Notwendigkeit der Metapher» [De la necesidad de la metáfora], en *Gegenworte, Zeitschrift für den Disput über Wissen*, cuaderno 7, Berlín, 2001.

Lily E. Kay, *Who Wrote the Book of Life: A Story of the Genetic Code*, Stanford, 2000.

Sobre las tendencias en la literatura especializada anglosajona puede verse además: Michael Frayn, *Copenhagen* (física cuántica); Martin Amis, *Time's Arrow* (cosmología); Margaret Drabble, *The Peppered Moth* (genética); Philip Pulman, *His Dark Materials* (física); David Lodge, *Thinks...* (ciencias cognitivas). El crítico John Lanchester observa al respecto: «Cuarenta y dos años después de las quejas de C. P. Snow sobre el bloqueo entre las artes y las ciencias, las cosas tienen todo el aspecto de que vamos a tener que vérnoslas con una ósmosis en aumento entre las disciplinas científico-naturales y el arte.» NYRB, cuaderno 13, Nueva York, 2001.

Traducción de Ángel Repáraz

PROCEDENCIA DE LOS TEXTOS

Los libros de Hans Magnus Enzesberger se citan según el año de publicación; los textos, por orden de aparición en la obra.

Hans Magnus Enzesberger, *Blidenschrift*, Suhrkamp Verlag, Frankfurt, 1964: Bibliographie [Bibliografía].

Hans Magnus Enzesberger, *Landessprache.* Gedichte, Suhrkamp Verlag, Frankfurt, 1969: John von Neumann (1903-1957); Isotop [Isótopo].

Hans Magnus Enzesberger, *Mausoleum. Siebenunddreißig Balladen aus der Geschichte des Fortschritts*, Suhrkamp Verlag, Frankfurt, 1975 [*Mausoleo. 37 baladas de la historia del progreso,* Anagrama, Barcelona, 1979]: Gottfried Wilhelm Leibniz (1646-1716); Antoine Caritat de Condorcet (1743-1794); Charles Babbage (1792-1871); Alan Mathison Turing (1912-1954); Giovanni de' Dondi (1318-1389); Jacques de Vaucanson (1709-1782); Étienne Jules Marey (1830-1904); Frederick Winslow Taylor (1856-1915); Tycho Brahe (1546-1601); Charles Messier (1730-1817); Carl von Linné (1701-1778); Lazzaro Spallanzani (1729-1799); Charles Robert Darwin (1809-1882); Raimondo di Sangro (1710-1771); Ignaz Philipp Semmelweis (1818-1865); Ugo Cerletti (1877-1963); Wilhelm Reich (1897-1957); Bernardino de Sahagún (1499-1590); Thomas Robert Malthus (1766-1834); Alexander von Humboldt (1769-1859)

Hans Magnus Enzesberger, *Der Untergang der Titanic. Eine Komödie,* Suhrkamp Verlag, Frankfurt, 1978 [*El hundimiento del Titanic. Comedia,* Anagrama, Barcelona, 1986]: Forschungsgemeinschaft [Instituto de Investigaciones]; Fachschaft Philosophie [Departamento de Filosofía]; Erkenntnistheoretisches Modell [Modelo para una teoría del conocimiento].

Hans Magnus Enzesberger, *Die Gedichte*, Suhrkamp Verlag, Frankfurt, 1983 *(Weißes Programm)*: Hommage à Göddel [Homenaje a Gödel]; Berliner Modell 1967 [Modelo berlinés 1967]; Schwarz-Weiß-Zeichnung [Dibujo en blanco y negro]; Das Falche [Lo falso].

Hans Magnus Enzesberger, *Der fliegende Robert. Gedichte, Szenen, Essays* Suhrkamp Verlag, Frankfurt, 1989: Veermutungen über die Turbulenz [Conjeturas sobre la turbulencia].

Hans Magnus Enzesberger, *Zukunftsmusik*, Suhrkamp Verlag, Frankfurt, 1991 [*Pura música*, Visor Libros, Madrid, 1993]: Die Mathematiker [Los matemáticos]; Ein Hase im Rechenzentrum [Una liebre en el centro de cálculo]; Seltsamer Attraktor [Insólito atractor]; Limbisches System [Sistema límbico]; Zungenwerk [Lengüetería]; Bewunderung [Admiración]; In höheren Lagen gewittrige Störungen [En altas regiones perturbaciones tormentosas].

Hans Magnus Enzesberger, *Kiosk. Neue Gedichte*, Suhrkamp Verlag, Frankfurt, 1995: Zur Erinnerung an Sir Hiram Maxim (1840-1916) [En memoria de Sir Hiram Maxim (1840-1916)]; Näheres über einen Baum [Detalles sobre un árbol]; Bifurkationen [Bifurcaciones]; Neuronales Netz [Red neuronal]; A; Was die Ärzte sagen [Lo que dicen los médicos]; Klinische Meditation [Meditación clínica]; Unter der Haut [Bajo la piel]; Der Renaissanceforscher [El investigador del renacimiento].

Hans Magnus Enzesberger, *Zickzack. Aufsätze*, Suhrkamp Verlag, Frankfurt, 1997 [*Zigzag*, Anagrama, Barcelona, 1999]: Vom Blätterteig der Zeit. Eine Meditation über den Anachronismus [Acerca del hojaldre cronológico. Meditación sobre el anacronismo].

Hans Magnus Enzesberger, *Leichter als Luft, Moralische Gedichte*, Suhrkamp Verlag, Frankfurt, 1999 [*Más ligero que el aire. Poesías morales*, La Poesía, señor hidalgo, Barcelona, 2002]: Astrale Wissenschaft [Ciencia astral]; Wissenschaftliche Theologie [Teología científica]; Das Einfache, das schwer zu erfinden ist [Lo simple que es difícil de inventar].

Textos inéditos para este volumen: Zugbrücke außer Betrieb oder Die Mathematik im Jenseits der Kultur [Puente levadizo fuera de servicio o las matemáticas en el más allá de la cultura]; Unheimliche Fortschritte [Progresos inquietantes]; Das digitale Evangelium. Propheten, Nutznießer und Verächter [El Evangelio digital. Profetas, beneficiarios y despreciadores]; Die unterirdische Kathedrale [La catedral subterránea]; Klimamaschine [Máquina del clima]; Astrolabium; Fragen an die Kosmologen [Preguntas a los cosmólogos]; Putschisten im Labor. Über die neueste Revolution in den Wissenschaften [Golpistas en el laboratorio. Sobre la más reciente revolución en las ciencias]; Atomgewicht 12,011 [Peso del átomo, 12,011]; Bischof Berkeley in Stammbuch [El obispo Berkeley en el álbum de los recuerdos]; Welträstel [Enigma del universo]; Endgültiges zur Frage der Gewißheit [Lo definitivo sobre cuestiones de certeza]; Immer keliner werdende Unterhaltungen [Conversaciones cada vez más cortas]; Postkriptum: Die Poesie der Wissenschaft [La poesía de la ciencia: Una posdata].

ÍNDICE

I

II

III

IV

V

VI

VII